市民と専門家が協働する

成熟社会の建築・まちづくり

日本建築学会

装幀　　落合　千春

まえがき

人々の暮らしの空間、もちろん内部だけでなく外部も含めて、建築はこれを形づくる。野原の一軒家でも、田舎の街並みでも、大きな都市やその郊外のまちや住宅街も、教育施設、スポーツ施設、工場地帯など、色々なところに色々な種類の建築が建てられ、まちがつくられ、ここで人々は生活し活動する。一人の人にとっても、コミュニティや社会そして国にとっても、建築は衣食住の一つであり最も重要である。

発注者、設計者そして施工者は、その地の歴史や自然、敷地の制限、内部および周辺の環境、大きな意味での環境問題、地震や強風、大雪などに対する安全性、必ずしも潤沢でない資金、多くの法律や規制に囲まれる中、最良の建築をつくろうと努力している。そのために、関係者は工業高校、高等専門学校、大学などで建築を学び、各種の資格を取り、社会に出ても日々研鑽を続け、互いに議論し技術開発を続けている。

しかし、結果としてつくられている一つ一つの建築は十分な安全性を持っているか、建築の中にそして外にいて心地よいか、建築やまちは使いやすいか、内部空間は美しくて豊かか、外部空間は美しいか、街並みやスカイラインはほれぼれするような美しさを放っているか、自然環境を乱して

はいないか、カオスとなった大都市は安全といえるか、つくられた建築はきちんと手入れし長く使われているか、これらを見直すとほとんどの人が首をかしげるに違いない。

建築やまちづくりに日々努力している多くの人たちは、皆が持つこれらの悩みを互いに議論し、社会に説明し意見交換を行い少しでも解決しようと努力している。本叢書はこの大きな流れの中、日本建築学会佐藤滋会長のもと二〇一〇年四月に始められた「都市・建築にかかわる社会システムの戦略検討特別調査委員会」の二年間の活動をまとめたものである。

詳細は本文を読んでいただきたいが、日本の建築基準法は最低基準といわれていて、もし関係する建築家と技術者がモラルのある立派な人たちなら、最低基準は最低基準として置いておき、これを超えるよい建築やまちを設計しつくればよいのであって、上に述べた嘆かわしい状況を法律の責任にするのはおかしい。経済最優先の社会や発注者に原因があるというが、これらの側にいる人々を説得できない建築関係者に問題があるともいえる。

日本は大きな海に囲まれ、国土の三分の二が豊かな森林、そして一〇〇本以上の川が流れる美しい水の豊富な素晴らしい国であるが、一億二〇〇〇万人の人々が生活するための平地は少なく、山崩れや大津波の恐れのある狭い平地にも建築を建てなければならない辛さがある。その結果、都市

やまちはどうしても過密になりやすい。

しかし、我々だけでなくほとんどの人々は、日本に素晴らしい建築が建ち、美しく安全な街並みがつくられ、世界に自慢のできる都市をつくりたいと思っているに違いない。

南一誠委員長には、上記の委員会活動の後半になって、発注者や市民など建築を専門としていない人々にも読みやすい本にして欲しいとお願いした。是非、多くの人々に読んでいただき、多くの人々が持つこの想いを実現するため、人々の賛同と協力を得たいと願う。

最後に、この難しい課題に取り組み、日本建築学会の叢書としてまとめていただいた特別調査委員会の有志の皆様に心より感謝いたします。

二〇一三年五月三〇日

日本建築学会会長　和田　章

東日本大震災の起きた二〇一一年の秋に、世界の建築家の集まる第二四回世界建築会議（UIA2011 Tokyo）が東京で開催された。この機会に、日本の建築に関わる五つの学協会が集まり「建築・まちづくり宣言」を発表した。建築に関わる多くの人々の願いをまとめた素晴らしい宣言であり、以下に引用させていただく。

建築関連５団体

建築・まちづくり宣言

私たち建築関連団体は、建築の質と性能の確保並びに建築・都市文化の振興に貢献し、安心・安全で持続可能な社会にむけて、建築・まちづくりを推進していくことを宣言します。

建築は私的なものであっても、その存在は社会・文化的環境の一部を形成し、建築の創造行為は個人の利益のみならず、公共の利益にかかわるものとなります。私たちは建築・まちづくりにおいて、市民・行政と連携して専門家の役割と責任を果たし、公共的価値実現のために貢献していきます。

我が国は豊かな自然風土に恵まれているものの、時に自然の脅威にさらされる国でもあります。私たちは日頃から地球環境に配慮してかけがえのない自然を守りつつ、災害に強い建築·まちづくりを推進し、災害が起きたときには連携して復旧・復興活動を支援していきます。

私たち建築関連団体は、以下の基本方針のもとに、建築・まちづくりに取り組んでいきます。

〔建築・まちづくり宣言 基本方針〕

1. すべての人々が生き生きと健康に暮らせる、安全・安心な生活環境づくりに貢献します。
2. 健全で活力ある生産・経済活動を支える、持続可能な社会環境づくりに貢献します。
3. 人々が誇りと愛着を持ち、地域固有の自然や歴史を継承する、豊かな文化環境づくりに貢献します。

（2011年9月20日）

公益社団法人　日本建築士会連合会
一般社団法人　日本建築士事務所協会連合会
公益社団法人　日本建築家協会
一般社団法人　日本建設業連合会
一般社団法人　日本建築学会

本書作成関係委員（五十音順・敬称略）

刊行委員会

委員長　柳沢　要（千葉大学）
委　員　（略）

学会叢書「市民と専門家が協働する成熟社会の建築・まちづくり」編集委員会

委員長　南　一誠（芝浦工業大学）
幹　事　桑田　仁（芝浦工業大学）
委　員　川瀬貴晴（千葉大学）、黒木正郎（日本設計）、後藤　治（工学院大学）、鈴木祥之（立命館大学）、
高木次郎（首都大学東京）、高草木明（東洋大学）、竹市尚広（竹中工務店）、中井検裕（東京工業大学）、
樋口　秀（長岡技術科学大学）、牧村　功（名細　環境・まちづくり研究室）、柳沢　厚（C・まち計画室）

執筆者一覧

まえがき　和田　章（東京工業大学）
序章　南　一誠（芝浦工業大学）
1章　1.1黒木正郎（日本設計）、1.2後藤　治（工学院大学）、1.3黒木正郎（日本設計）
2章　2.1中井検裕（東京工業大学）、2.2桑田　仁（芝浦工業大学）／樋口　秀（長岡技術科学大学）、2.3柳沢　厚（C・まち計画室）
3章　3.1黒木正郎（日本設計）、3.2高木次郎（首都大学東京）、3.3 3.4高木次郎（首都大学東京）／竹市尚広（竹中工務店）
4章　4.1川瀬貴晴（千葉大学）、4.1.5高草木明（東洋大学）、4.2川瀬貴晴（千葉大学）／鈴木祥之（立命館大学）／
渡邊　隆（風基建設）／西村慶徳（アルボックス）／牧村　功（名細　環境・まちづくり研究室）、4.3黒木正郎（日本設計）
あとがき　南　一誠（芝浦工業大学）

市民と専門家が協働する成熟社会の建築・まちづくり［目次］

序章

日本には自然と一体となった美しい伝統的街並みもあるが、現代の建築が美しく調和した街並みを形づくっているとはいい難い。毎日にようにテレビのニュースで、首相官邸の画像が映し出されるが、その後ろには高層ビルが聳え立っている。アメリカのホワイトハウスの後ろに、高層ビルが立っている姿は想像できないだろう。国の中枢においてさえ、このようなことが起こっているが、日本人の多くは、すっかりこのような光景に目が慣れてしまい、問題を感じなくなっているのかもしれない。京都は日本を代表する歴史的都市であり、景観保護に熱心に取り組んでおられる。しかし、京都の中心を背骨のように通っている烏丸通り沿いには、高層マンションが次々と建設されている。京都市内から東山を望む景観は京都を京都たらしめる重要な風景であるが、麓の岡崎公園では高度規制が緩和され、日本近代建築の代表作、京都会館（第一ホール）の建替えが進んでいる。舞台設備の更新が必要とはいえ、ヨーロッパの劇場、例えば、ミラノスカラ座は二〇〇年以上前に建てられたもので、電気もない時代の劇場である。劇場設備を何度も更新し、建物も改修を重ねながら、現在までその姿を継承している。パリのオペラ座ガルニエ宮は一五〇年近く前に建設され、今も設計当時の姿を保っているが、なぜ、東京の歌舞伎座は建て替えられたのであろうか。考えてみると不思議なことや矛盾したことが、日本の都市や建築には起こっているのではないか。

日本の都市は明治維新後の社会の近代化のプロセスで大きな変容を遂げてきた。東京をはじめ、日本の多くの都市は中世に築かれた都市に上書きするかのように、近代都市を構築してきた。このことは海外、特に歴史的街区を保存してきたヨーロッパの都市とは大きな違いである。古い社寺仏閣は残っていても、江戸時代以前の都市空間は日本のどこにも残っていない。私たちがこの一五〇年間に行ってきたのは、むしろ、いかに建て替えるかということであったといえる。最も大きな成長を遂げた都市、東京は、関東大震災と東京大空襲の犠牲の上に、その復興が発展の礎となったが、実際に都市の再建を担ってきたのは民間の力による建物の建設である。日本の都市計画や建築に関する社会制度は、民間の経済力でいかに近代都市を形づくり、都市を復興、発展させるかに、その軸足があったといえる。すでに日本は経済発展を遂げ、成熟社会となっている。人口減少が始まり、高齢化が加速する中、これまでの社会制度は見直しが必要である。これまでの発展の経緯を踏まえ、一〇〇〇年、二〇〇〇年後の社会をどのように設計するのか、その実現のために、都市をどのように再編、再構成していくのかが問われている。この本がめざすところは、その課題の解決の糸口を少しでも見出すことである。

技術と社会の関係も危機に瀕している。津波を過小評価したことが原因とされる福島第一原発の事故は、高度化、巨大化した技術にも、初歩的な盲点があったことを人類に知らしめた。建築界は耐震設計偽装事件を起こし、社会の信頼をまだ完全に回復したとはいえない。イノベーションを生み出しながらも、社会の中で、技術をいかに活用していくか、再考が求められている。国民生活の安全に関するものは、法律で最低水準を確保することが必要だが、経済活動を支える技術は絶えず進歩するものであるから、過度に詳細な規定を法律で定めることには弊害も多い。技術が達成すべき安全水準などは、広く一般市民や多くの分野の専門家の意見をもとに基準を定め、その実現のための手法については、その分野の専門家集団の自律的な規定に委ねることが現実的ではないか。技術基準をどこまで法律で規定するかは、社会の状況や技術の水準により異なると考えられるが、裁判員制度のように、都市や建築の基準づくりに市民が参画し、市民と専門家が協働することは、これからの日本の社会では不可欠であろう。

日本は、人口減少、少子化、高齢化という社会の変換点にあり、これからの成熟社会に相応しい建築まちづくりの制度を再構築することが求められている。二〇〇八年九月、国土交通大臣から「質の高い建築物の整備方策」の諮問が出され、社会資本整備審議会基本制度部会で審議が開始されると共に、建築基準整備促進補助金事業が実施され、法体系全般を見直す検討が民間を主体に実施された。二〇一〇年には建築基準法の見直しに関する検討会が、二〇一一年には建築法体系勉強会が設置され、様々な制度改善が実施されている。二〇一二年、再度、国土交通大臣から社会資本整備審議会に、今後の建築基準制度のあり方について諮問があり、建築分科会に建築基準制度部会が設置され、検討作業が進められている。当面は、①新たな技術の導入や設計の自由度の向上が促進される明確かつ柔軟な規制体系への移行という基本的方向を踏まえた、木造建築関連基準などのあり方、②実効性が確保され、かつ効率的な規制制度の見直しという基本的方向を踏まえた、構造計算適合性判定制度などの確認検査制度のあり方、③既存建築物の質の確保・向上に向けた、建築物の耐震改修の促進に関する法律など関連規制が検討されている。

都市や建築は、社会的に大きな課題であるから官民それぞれの立場で、将来を見据えた大きなヴィジョンの策定と、日々行われている建築実務の改善の両方を進めていくことが求められる。専門家だけでなく、広く市民も交えた議論の深耕が、制度改革の前提条件となるだろう。新法の制定や、既存の法律の抜本改正ではなく、既存制度のきめ細かな改正作業を積み重ねることも、大きな目的を達成することに有効であるかもしれない。本書には、将来に向けての大きな制度改革とともに、実務上の具体的提案も数多くなされている。各提案の有効性の検証や、各提案の改正順序（ロードマップ）等の検討は、今後の作業となる。(注1) 海外でも建築法制度は色々な問題を抱えており、五年、一〇年という時間をかけて検討作業が進められている。慌てず、広く社会全体で議論を継続することを期待したい。

本書の執筆者は、二〇一〇年四月、日本建築学会に設置された「都市・建築にかかわる社会システムの戦略検討特別調査委員会」の有志の委員である。この委員会が発足する前に、「建築にかかわる社会規範・法規範特別調査委員会」が三年間、活動しており、その成果を発展させて検討が行われた。委員会発足時に掲げた主な研究課題は、①人口減少、少子高齢化が進む成熟社会に相応しい質の高いまちづくり、②既存建築ストックの効果的な活用、③建築文化の次世代への継承、④技術と法の関係の再構築、⑤裁量性ある許可制度の導入、⑥建築主を含む関係者の責務などである。

①実務からのアプローチWG（黒木正郎主査）、②建築基準のあり方検討WG（五條渉主査）、③建築生産の実態と関係社会規範検討WG（古阪秀三主査）、④都市計画法・基準法集団規定WG（中井検裕主査）、⑤構造WG（高木次郎主査）、⑥伝統木造検討WG（鈴木祥之主査）、⑦建築環境・設備分野研究WG（川瀬貴晴主査）の七つのワーキングを設けて、検討作業を二年間、行った。委員会としての主な検討成果は以下のとおりである。

六〇年前の建築基準法制定時とは社会状況がまったく異なるため、これからの社会に相応しい、市民と専門家が協働する成熟社会に相応しい建築関連法制度を構築する必要がある。我が国の社会システムは、官主導の規制制度から、市民主体の地域性、個別性を重視した制度に転換することが求められている。これからの成熟社会において、市民は社会が求める安全水準設定などの検討プロセスに積極的に参画する。専門家はその高度化した保有技術をよりよい社会の実現に活かすことを通して社会貢献する。具体的には、

①建築主、所有者などを含め、まちづくり・建築に関する関係者全員の責務・役割を明確化する。

②建築ストック活用など、現代の社会ニーズに対応した、技術と社会システムの関係を再構築

する。ストック活用は個別性が高く、羈束性を前提とした現行の確認申請の制度では合理的な審査を行うことが難しい。専門家によるピアレビューを通した裁量性ある判断や、市民、有識者を交えた協議調整型の審査の有効性を検討する。

③日本建築学会は議論のプラットフォームとして継続的に行動する。これまでの特別調査委員会の検討成果は、建築五会による建築社会システム検討会などに反映させる。(注2)

検討課題は、他の専門領域とかかわりが深く、市民生活とも密接に関係する。開かれた議論の場を設けることが重要であると考え、一六回の連続シンポジウムを開催して、市民や弁護士の方も交えて、幅広く問題点の明確化、論点の整理・構造化、改善提案の検討を行った。シンポジウムの概要は次のとおりである。(注3)

第一回　市民社会の建築・まちづくり　―新たな制度と仕組みの提案―
第二回　建築関係法の課題　―建築基準法単体規定を中心に―
第三回　裁量性を有する建築規制の可能性
第四回　市民参画社会における建築関連法制度
第五回　建築構造設計にかかわる法制度のあるべき姿
第六回　建築における「環境」と「設備」のあるべき姿と法制度

第七回　建築ストック活用における建築関連法制度の課題
第八回　建設活動・建築法制度・生産組織六〇年余の変遷
第九回　市街地像の共有は可能か
第一〇回　都市部の近現代建築の保存と建築・都市関連法制度の課題
第一一回　歴史的変容過程における建設活動と建築法・制度の関わり
第一二回　法に係わる環境・設備の課題と展望
第一三回　日本の建築基準の目指すべき目標像を探る　―海外の状況と経験を踏まえて―
第一四回　伝統構法木造建築物における諸問題と今後の展望
第一五回　まちづくり条例から建築基準法改正をイメージする
―開発調整における市民と建築家の対話型調整制度は可能か？
第一六回　建築ストック社会への実務からの展望

本書の内容は委員会、ワーキング、連続シンポジウムなどの検討作業の成果をもとに、各執筆者の責任で行ったものである。委員会としての成果は、二〇一〇年度、二〇一一年度の委員会成果報告書として日本建築学会のホームページで公表し、(注4) 日本建築学会大会研究協議会（二〇一一年度）や同研究懇談会（二〇一二年度）で報告している。この本は成果の一部を社会に向けて情報発信するために、委員会の有志の委員により執筆したものである。これまで熱心に検討いただいた方々、ご協力いただいた方々に、心から感謝したい。

（注1）本書は、いくつかの改革を提言しているが、その実現に向けてのロードマップについては言及していない。本書が取り上げている社会システムに関する政策提案（例えば建築基本法、都市関連法の抜本改正）の実現にむけてのロードマップは、政治状況や行政機関内部の諸事情により影響を受けるため、学術団体としては事情に精通していないこともあり、責任ある見解を述べることができないと考え、むしろ種々の考え方を公平に取り上げ、その目的・意義、課題などについて考究することに重点を置いて活動した。

（注2）検討成果は、建築五会「建築・まちづくり宣言の目指すところ」として、二〇一三年四月八日に発表されている。
http://www.aij.or.jp/scripts/request/document/20130408.pdf

（注3）シンポジウムの概要は「建築雑誌」に活動報告として連載されている。

（注4）都市・建築にかかわる社会システムの戦略検討特別調査委員会の二〇一〇年度および二〇一一年度報告書や、連続シンポジウムの配布資料などは、日本建築学会のホームページで閲覧できる。
http://news-sv.aij.or.jp/tokubetsu/s17/

（注5）本稿は、「市民と専門家が協働する成熟社会に相応しい建築関連法制度の構築（南一誠他、二〇一三年二月）」掲載の拙稿を加筆、修正したものである。

1章　市民が求める建築とは

1-1 建築の公共性と市場主義経済

建築の進化と社会の諸相への応答

今、私たちは時代の大きな転換点にある。人口減少とともに少子高齢化に直面し、今後急速な経済成長は望めない。グローバル化が進行する一方で、ローカルな経済・社会の停滞が深刻化し、それが地域の伝統・文化に危機をもたらしている。さらに、エネルギー・資源の枯渇、地球温暖化などの懸念が高まっており、持続可能な経済・社会への転換が求められている。加えて我が国は、未曾有の災害に見舞われ、経済・社会の立直しが求められている。このような状況の中で今我々は、建築が持つ根源的な意味での公共性を問い直すことから、建築の可能性を再認識しようと考えている。

今、なぜ建築に公共性を問うのか

建築の可能性を再認識するにあたって、それを直接考えるのではなく、まずその公共性を考察することから入ろうとする理由は、建築をめぐる社会的変化を建築界の外部的条件と内部的条件のそれぞれの視点から整理するためである。

（1）建築をめぐる外部的条件の変化

都市と建築を囲む外部的・社会的条件には大きな変化が生じており、戦後の都市化時代に対応してきた従来の社会システムに対し、大きな見直しが必要とされるに至っている。外部的条件の変化は多面的であるが、都市・建築に対する要求をまとめると以下のようになろう。

①安全性への要求の高まりと社会的復元力のある都市・建築
②多様化する生活スタイル、空間ニーズに対応する都市・建築
③街並み・景観・コミュニティ形成に寄与する都市・建築
④エネルギー・資源・地球温暖化問題に対応するサステナブルな都市・建築
⑤開かれたプロセスを持ち、人・企業・地域社会を育む都市・建築
⑥蓄積された財を維持管理し、価値あるものとして次世代に伝える都市・建築

（2）建築に固有の内部的条件の特殊性

理由のもう一点は、外的条件にかかわらず建築というものおよびそれを生産し維持活用する行為自体に内在する特殊性に発するものである。建築は人々や社会とのかかわり、生産過程における複雑な人・企業・地域社会とのかかわりにおいて商品生産とは異なる特殊性を持っている。この、建築の特殊性に対して社会の変化が加わり複雑さを増している。建築の生産特性の更なる変化の様相

としては、以下のようなものを例示できる。

①流通の変化

・建築法制は性能規定へと変化してきたが、ある建築物が建設当初に持っていた性能が流通時にわかりやすく開示されなければならない

・建築ストックの流通が重要になる時代であり、取引の際に履歴などの情報が適切に伝達されなければならない

②建築物の多様化

・高度な性能を持った建築物の日常化、特殊な立地条件・要求条件における建築の成立

・標準的なものでは対応できなくなる個性化と差異化、要求条件の多様化

③大きさ・寿命・財産としての多様化

・長寿命化と、それに対比して位置づけられる災害への対応

・非常時などの「仮設建築」「仮設市街地」仮設コミュニティの重要性

④作り手・担い手の変化、当事者間の関係の複雑化・多様化

・関連技術の高度化・産業としての裾野の広がり

・構造技術の高度化、環境技術の重要性の増大

⑤地域の多様性への対応

・地域ごとの要求条件の本来的な多様性に応答する必要性
・地域ごとに異なる持続可能性の条件を満足する手法の開発
⑥都市空間・建築のストックを活用する必要性
・すでに形成された都市インフラに対して、利用形態をマッチングする技術要件の複雑化
・すでに存在する建築ストックを新しい要求に合わせて活用する技術的・制度的条件整備

建築に対するニーズの多様化と、それを可能にする技術の高度化は、あらためて建築というものの特殊性を際立たせているように見える。建築は基本的に私有財であるがきわめて公共性の高い私有財という特殊な位置にある。我が国の社会では、これまで私有財としての建築物の質を向上させることを通して結果として公共空間の質を向上させようとする施策がとられてきたが、これからは建築の持つ公共的性格に直接働きかける新たな社会システムを構築することによって、これまでの単純な市場主義を前提とした施策ではカバーしきれない社会領域の質的充実を図っていくべきであると考える。

成熟社会に求められる建築生産システム

2章以降では、新たな社会システムを考察する前に現行の建築生産領域での問題を洗い出してい

る。そこに現れていることは、現行法制度はもはやその場凌ぎの修正ではすまないという共通認識である。今求められるのは、建築基準法改善の弥縫策（びぼうさく）ではなく、複雑化・高度化する建築技術ならびに建築生産の仕組みを適切に制御し、実社会の動向に合わせて、あるいは更に実社会の変革を促すような、つまりはこれまで潜在していた建築の可能性を引き出すような新たな社会システムである。

そこには建築界全体の大きな潮流がある。それは建築をめぐる社会全体の「ストック化」であり、建築と都市の中間領域にあって社会生活の環境基盤となっている「地域環境」の概念である。我々はすでに巨大な都市空間と建築物のストックを所有している。その可能性を引き出し、生活環境基盤全体の改良につなげてゆく社会システムを構想しなければならない。その構想の基本的な方向性を以下の三点にまとめてみた。

①社会的背景の変化への対応

戦後の成長志向・量的拡大から、今後の成熟志向・質的充実へと社会システムの枠組み転換が必要である。社会の成熟とともに建築・空間需要が安定する時代の都市・建築の基本理念を「健全なストック活用型社会の構築」とし、関連法体系の改正と再編成を通じて、生活・生産活動基盤としての都市・建築の整備手法の改革を提言する。

②物的および人的ストックの活用

物的ストックとしての都市・建築、および人的ストックとしての専門家・技術者を活用する社会システムの構築が必要である。新たな時代の動きとして、建築ストック活用と地域価値の向上のための手法と技法、新たな専門職の具体例を紹介し、建築関連産業と人材の活動領域としての今後の可能性を提示する。

③地域主体の社会システムへの転換

国による一律基準・一斉整備の原則から脱皮し地域社会の自主的な動きが地域環境形成につながる方向に発展することが必要である。このような社会の実現に向け、個別のプロジェクト・建築行為を通じた地域・個人の意識と努力が、地域環境のアメニティとなって結実するような、「まちづくり」のための社会システムの必要性を提起する。

建築をめぐる社会システムをマーケットの視点から考える

前項で述べた社会のストック化・建築ストック活用社会を考えるにあたり、日本において、ほとんどの建築物は一般市民の目から見た場合「不動産」として捉えられ流通しているという事実を認識することから始めたい。昨今の不動産の金融商品化はその価値観を助長し、もはや我々建築界の価値観とは大きな乖離があると言わざるを得ない。

こういった背景の中、新しい時代の基調となりつつある「ストック型社会」へ向けて建築の価値を再考するにあたり、この価値観のズレとその要因を解き明かすことが重要な論点になると考える。この視点から現行の建築生産システムを見ると、建築基準法が想定した単純な「建築主と建築士」中心の世界から、建築・都市・不動産をめぐる巨大なマーケットと多様なアクターの存在を前提とした制度への転換が必要であることは論を待たないのではないだろうか。しかしこのことは建築や都市空間が市場主義経済に飲み込まれるということを意味するのではない。「建築生産」と「不動産流通」という、近接領域でありながら分断されていた二つの世界を一体化・シームレス化し、より質の高い建築物と地域環境の創造が市場で正しく評価され、質の低いものを駆逐していくという、市場経済の正の側面を国民全体の福利の増大に活用していけるようにする流れをつくるためのものである。この新たな社会システムの構築に向けて、建築の関係者が留意すべきことを三点にまとめてみる。

(1) 建築を取り巻く社会環境の不可逆的変化

人口減少、少子・高齢化を背景とした新たな社会構造において、今後の建築市場は好不況にかかわらず縮小が継続していくことは疑う余地がない。不動産や都市開発も含めたこの業界は「新築主体・床面積増大」で市場活力を維持してきたが、今やこの市場構造は大変革を迫られている。ところが現行法制度は都市再開発の推進や老朽建築物の更新を促す行政側も容積緩和によるインセンティヴしか施策の決め手を持っていない。これはデベロッパーや建設会社などの民間企業においても、新しい「床」をつくって売り渡すというビジネスモデルが主流であることと連動している。高度成長期から消費社会を経て「量より質の時代」といわれて久しいこの時代に、いわばこの業界は「量を増やしてモノ（床）を売る」という大量生産文化から脱却できずにいるのである。我々はその現実をまず真摯に認識することが必要であり、建設需要が縮小していく不可逆的な社会環境の中、新たな社会システムの構築を模索していく必要がある。

（2）ストック型社会への必然性と必要性

社会環境の変化は、成熟社会化の過程に必然の状況といえるが、我が国はその速度が異常に速い。我々はその速度に合わせて自分たちの生活習慣やその環境を変えていかなければならない。これはかなり困難な命題を突きつけられているといわざるを得ないだろう。新築至上主義、スクラップ＆ビルド志向、地域や建築物への希薄な愛着など、日本人ならではの特殊な価値観を見直し、都市縮退を活用した新たな社会システムを創造すべく、個人を豊かにする適切な社会資本ストックというものを構築することが急務である。建築物の九割を占める住宅の問題に投影して、身近な社会事象を思い起こしていただきたい。若年低賃金勤労者は家賃の支払いに汲々としてステップアップのための自己投資ができずにいる。マイホームを取得したサラリーマンはローン返済に追われ、結局生活の豊かさを享受できず、自己実現の夢は遠のくばかりになる。そんな我が国の社会システムに疑問を感じている人は少なくないはずである。ストック活用型社会はこうした「人を幸福にしない社会システム」を一変させる可能性を持つのである。

前述の「床を増やして売る」というビジネスモデルが主流になっていた時代が崩壊していく中で、また地球環境問題への対応が世界規模の課題となっている今日において、ストック型社会への変革は必然であり、その社会システムを整備していくことは我々にとって当然の義務である。

（3）社会資産としての建築・都市

各世代がその都度住宅確保のために生涯賃金の何分の一かを費やしているような非効率な経済構造を見直す必要がある。質のいい建築、質のいい都市空間を市民が主体性を持ってつくり使い続けることが重要であり、その動機付けとなる市場構造を内包した社会システムの構築が望まれる。

都市や建築におけるストック型の社会構造がある程度構築されている他国の事例を参考にすることも重要である。英国における住宅流通市場とその価値観などの事例分析によれば、地域価値や時代価値というものが大きく影響していることがわかる。建築とそれがつくり出す地域環境を向上させることで、結果として個人所有の不動産全体の評価額が上昇する。日本では地域価値が不動産市場で評価されている事例はごく稀であり、時代価値においては特殊な歴史的建造物のみにその評価が適用され、それが地域に波及していくこともないというのが実情である。建築や都市の質を社会資産として適性に評価し、不動産の市場構造にその価値観をいかに組み込んでいけるかがストック型社会への変革において重要な鍵になるであろう。

つくる価値と使う価値のギャップを埋める

ある財やサービスの価値をマーケットの視点から考察する際には、供給者側と需要者側で価値の視点にズレがあることを認識しなければならない。建築・不動産に関してもそれは当然の原理であるが、これまで建築物特に住宅については戦後一貫して供給過小・需要過大の関係が続いてきたため、供給者側には需要者側の価値観に対する深い洞察が欠如している。住宅の住まい方、使い方への要求変化に対する供給側の追随の遅さは「商品」を扱う業界としては異常なほどである。住宅をつくれば売れる時代は終わっている。標準世帯モデルはもう存在しない。であれば規格化商品の供給によって成立してきた業界が立ち行かなくなる時代はすぐそこに来ている、と考えたときにとるべき道は、使い手の価値観への虚心坦懐の洞察から始めることである。

(1) つくり手と使い手の距離・ズレと矛盾

ストック活用型社会は流通システムの構築によって実現するものではない。使い手としての市民に長く愛され、生活を支え、使い続けられる建築や都市施設、更に都市環境とはどんな価値基準でつくられるべきものか。使い手側の価値観としては、安全で安心して使い続けられる建築であることが大前提である。購入者の立場としては「いいものを安く」買いたい。更に使用者としては、使いやすく利便性が高くメンテナンスフリーで長持ちするという、日本人特有の妙に「ずぼら」な価値基準がある。また通常、購入者は潜在的な売却者でもあるので、売却者としては「物件」の付加価値を主張し、できる限り高く売りたいはずである。しかし「物件」を安く買って、手を加えて価値を向上させ、売るときはできるだけ高く、あるいはそのステイタスを享受して使い続けるというごく普通の市場サイクルが市民の価値観として成り立っていないことが問題の根源にある。建物の価値は時間が経つと下がるものと決めつけられており、新築至上主義に陥っているのが不動産流通市場の現状であるが、このあまりにも当然と考えられている前提条件を覆していく必要がある。

従来のつくり手側は、このような市場の価値観を肯定しそれに共依存した業界市場を成長させてきてしまったため、社会資本としての質の高い都市や建築というものの価値基準がどういうものであるかにわかに定められない状況にある。しかしながら市民意識は急激に変化し始めている。過去のものを肯定しそのよさを再発見し、磨きなおして利用することが、知的でかつ費用負担の少ない生活につながることが体感され始めているのだ。この社会全般に通底する変化をとらえ、急速な市民意識の変化と建築・都市づくりというタイムスパンの大きい世界との時間的ズレに翻弄されない確固たる価値観を構築し、社会への浸透に努めることが我々の責務である。

（2）日本のマーケット特性とその要因

我が国では建築のマーケット評価は、いわば不動産流通上の価値評価に従属するものでしかない。

評価軸が立地や築年数にのみ代表され、耐震性能や断熱性能など建築物としての基本的な性能的評価ですら軽く扱われている。更に地域の文化性や建築の歴史的価値などはほとんど不動産市場に影響を与えていないといわざるを得ない。前述のように、今ある既存のものの価値を向上させ次の市場に還元させるという仕組みが構造化されていないため、ストック型のマーケットを充実させるのは極めて困難な状況である。

そこには市民感情としての地域や建築への愛着の希薄さや、新築至上主義を後押しする税制や建築関連の法制度など、様々な要因が複合している。不動産の中古市場においては建築的性能の評価は市場の混乱を招きかねないからなるべくそれに触れたくないという現実的な要求がある。例えば耐震性能評価を明確にすれば、中古物件は更に市場価値を失ってしまうから耐震性能を表示しないという、市場ニーズからはかけ離れた商習慣が支配する世界があるのである。耐震補強などの価値向上を図り、それを「売り」にして売却するというのが本来の市場サイクルであるように思うのが建築界の人間の素直な感覚であるが、むしろ費用をかけてでも建て替えてしまって最新性能の建築物であるということを明白にして売却した方がわかりやすくて有利であると判断される場合が少なくない。こういった市場構造はストック型社会をめざす上で避けがたいジレンマとなっている。

(3) 都市・建築関連法整備の矛盾と不備

我が国の建築関連法規は、新築建物に対する規定が基本となっており、改修に関しては新築に準ずる規定となっている条項がほとんどである。現行法規に適合していない既存建築物は何も手を入れなければ既存不適格建物として合法であり、確認申請手続きを必要とするような改修時には、多大な費用を掛けて現行法規に定める新築建物と同等の性能にしなければ違法建築物となる。結局費用対効果を考えると改修せずにそのまま使い続けるか、多少安価でもそのまま売却してしまった方が有利ということになる。ここにも既存「物件」の価値を向上させて高く売るという通常の市場サイクルが成り立たなくなっている要因が見受けられる。

既存不適格の建物性能において、耐震性能や防火性能など人命にかかわるものは、既存のままにしておくより多少でも性能向上を実現させた方がいいに決まっている。法律上の規定も満点か零点かではなく、ある程度のレベル設定とその評価システムが必要であろう。海外においては、新築と改築の法体系が別になっている例もある。我が国においても、中古不動産市場を活性化させ、ストック型の社会システムの中で良質な建築や都市空間を持続させるためには、適切な法整備が急務であり、最重要課題である。

以上の考察から我々は、「建築や都市空間の質的向上と建築マーケットの価値観を整合させること」が今後の建築社会において最も重要な課題であると認識した。そのために建築関係者は、ストック市場を含む建築・不動産マーケットに対し、専門技術者としての責任感を持って、より積極的に関与していく心構えが必要である。建築と不動産の一本化をめざした活動である。つくる側と使う側の価値観のギャップを埋め、使い手としての市民が主体的に建築や都市空間の質を向上させ維持していく。そういった意識を浸透させる社会システムが、耐性に優れ持続可能性の高い社会づくりにつながるものであると考える。このような社会では、建築や都市づくりにかかわる者はもちろん、建築物の所有者、そして利用者である市民すべてが理念を共有し、その責務を全うすることが必要である。そのためには建築や地域の価値を適切に評価する市民意識の醸成が不可欠であり、成熟した経済社会においては市場価値と市場サイクルの変革誘導が最も重要であり難しい課題でもある。官民を問わず、我々専門家がこの新しい社会システム構築に積極的にかかわっていくことが必須であり、社会システムの構成要素である法制度の整備はもちろん、専門家の育成や社会啓蒙活動も率先して行っていく必要があると考えるものである。

1-2 地域の歴史、文化の継承

画一化する風景

我が国の第二次世界大戦以降の経済成長による近代化は、人々の生活水準を向上させ、高度なインフラの整備をはじめ、地域社会に様々な利便性をもたらした。その一方で、各地の建築物が本来持っていた地域性は失われ、風景も画一的で特徴がないものになってしまっている。地域性の喪失や風景の画一化は、近代社会における世界共通の現象ともいえるが、我が国においては、その状況や変化の速度がとりわけ著しく、それが様々な問題を発生させている。画一的な地域の風景が、地域経済の停滞や地域からの人口流出、地方における犯罪発生の増加等の一因になっていると指摘する識者もいるほどである(注1)。

地域が一定の利便性は確保しつつも、個性を取り戻し、それを活かした適度な地域間競争の中で、活力を取り戻していく。これからの地域社会はそうありたい。地域経済の回復や地方からの人口流出を防ぐための特効薬を見つけることは容易ではないが、建築を専門とする我々は、建築物やその集合体である都市、集落といった地区が個性を取り戻せるよう、これから最大限の努力をしていかなければならない。そのためには、すでにある建築物や地区が地域性を備えている場合には、それを継承していく必要がある。また、今後新たにつくる建築物は、地域性に配慮したものや、地域性の創出に寄与するものでなければならない。更に、建築物や地区が地域性を取り戻していけるような、生産体制や制度上の仕組みを工夫したり提案したりしていく必要がある。

法制度の課題

建築物や地区が持つ地域性を取り戻していくためには、建築基準法をはじめとする建築物や地区の風景にかかわる様々な法制度についても、地域性への配慮という観点から、見直す必要がある。なぜなら、現行の法制度が、各地の地域性を失わせている一因になっているからである。

我が国の建築・都市に関わる法制度は、一部の例外を除くと、地域性の継承や創出はその主な目的でなく、狭い国土を高度で効率的に利用することや、火災や地震などに対する安全性を確保することに、主眼が置かれている。そのため、建築物の更新を促し、それと同時に安全性の確保と土地の高度効率利用を図ることが、一般的に推奨されている方法で、その際、図らずも地域性を失う形になってしまっているのである。現行の法制度が地域性を失わせているというのは少々誇張のある表現だが、建築・都市にかかわる法制度を、地域性の継承や創出を支援することを目的に充実させていくことが今後必要であることは間違いない。

そうはいっても法制度の方向は簡単には変わらないのではないかと思われるかもしれない。ところが、そうではない。例えば、近年、我が国でも、耐震改修やバリアフリー改修のように、建築物や施設について、新築・更新ではなく改修・改良を支援する法制度が整いつつある。これらは既存の建築物や施設の保全を支援するという点で、それまでの法制度と異なる方向性を示すものとして注目に値する。今後、耐震やバリアフリーのように、地域性の回復を助けることを目的に、建築物の改修や改良を支援する法制度が導入されればよいのである。耐震改修やバリアフリー改修と同時に、地域性を回復できれば理想的である。その意味では、現在、法制度の導入が検討されている省エネルギー改修についても、地域性の回復と両立できる方法を検討してもらいたいものである。

歴史保存制度

法制度を変えたり、充実させたりしていくためには、個々の専門家の努力だけでは自ずと限界がある。地域性が重要であるという考え方が、社会で広く認識される必要がある。その上で更に、建築物や地区にどのような地域性があるのか、地域性に配慮した建築物やその創出に寄与する建築物とはどのようなものかといったことについて、多くの人々の理解と合意を得ることが必要となる。例えば、奇抜なデザインを持つだけの建築物では、人々は、個性は感じても地域性は感じられないはずである。

その意味では、地域固有の歴史や文化は、建築物や地区の地域性を生む重要な役割を果たすものとして人々の理解を得やすい代表的なものといえる。そのため、特徴的な歴史や文化を反映した建築物や地区（「歴史的建築物・地区」と略す）の保存を法制度によって支援することは、世界の各地で地域性の継承や回復を図るための有効な手法の一つとなっている。

我が国で、歴史的建築物・地区の保存を支援する法制度（「歴史保存制度」と略す）の代表的なものに、文化財保護法がある。文化財保護法は、歴史的建築物や地区そのものを国民の公共的財産として位置づけ、その存続を脅かす行為などに一定の規制を課すと同時に、その保存や活用を図ることなどに対して国が支援を行うことを定めている。

文化財保護法以外の歴史保存制度として、二〇〇四年に、景観法が施行されている。景観法では、地域の良好な景観を国民の公共的財産として位置づけ、地方公共団体が、良好な景観を害す行為などに一定の規制を課すことができると同時に、良好な景観形成を図るための行為に支援できる法的根拠を与えている。そのため景観法は、歴史的建築物・地区の保存だけでなく、それ以外の建築物や地区についても、地域性の継承や創出を図ることを可能にしているともいえる。

文化財保護法、景観法といった歴史保存制度による支援を、より充実させていくことは、今後の課題といえる。その意味では、二〇〇八年に「地域の歴史的風致の維持保全に関する法律」（通称「歴史まちづくり法」）が施行されたことは注目に値する。歴史まちづくり法は、それまでの歴史保存制度が、一定の行為に規制を課すことに主眼を置いているのに対して、市区町村が計画を策定し、その計画に基づいて国の支援を得ながら歴史的風致の維持や向上を能動的に図ることに主眼に置いている。すなわち、地域性という点では、これまでの歴史保存制度が現状維持的な「保存」を主眼としているのに対して、歴史まちづくり法はその積極的な回復や創出に公的な意義や支援を認めているのである。ただし、歴史まちづくり法にも、適用可能な場所が国指定・選定の文化財がある地域に限られているという課題が残されている。

欧米における歴史保存制度と支援

欧米の先進各国においては、歴史的建築物・地区が多数残り、その結果、各地の地域性が継承されている。これに対して、我が国では歴史的な建築物や地区が次々に失われている現状がある。前項で示したとおり、近年我が国でも歴史保存制度が充実しつつある。とはいえ、欧米では歴史保存制度による支援が我が国よりもはるかに充実しており、それが現状の違いに表れているともいえる。両者の違いを知ることは、今後、地域性の回復を図っていく上でも参考になる。

写真 1-2-1　イギリス、ブライトン・ホーブ市の保存地区
ブライトン・ホーブ市は中核市にあたる規模の都市で、イギリス国内では比較的に歴史の新しい都市として知られているが、2000 年の都市計画によると、国の登録の歴史的建築物が 300 棟、保存地区が 33 地区ある

欧米と我が国の違いに、支援の対象とされる歴史的建築物・地区の数の違いがある。例えば、我が国で、国が保存対象として登録している歴史的建築物（登録有形文化財である建造物）の数は、八九六九件（二〇一三年三月現在）で、保存すべき対象地

区として選定している歴史的な地区（重要伝統的建造物群保存地区）は一〇二地区（二〇一三年三月現在）である。これに対して、例えばイギリスのイングランドでは、国が登録している歴史的建築物（Listed Building）は二〇万件以上、歴史的地区（Conservation Area）は八〇〇〇地区以上に及んでいる（数は、一九九九年時点、写真1−2−1）。

現役の施設として利用されている歴史的建築物が多いことも、欧米の特徴である。欧米では多くの歴史的建築物が、建設当時の機能のまま、もしくは、転用され別の機能の現役の施設として、利用され続けている。これは、単に保存対象とされる建築物の数が多いので、利用されている数も多い、ということではない。歴史的建築物・地区に対する充実した支援に加え、施設の改修・改良に関わる行政と歴史保存に関わる行政とが、ともに柔軟に対応していることがそれを助けている（写真1−2−2）。

写真 1-2-2　イギリス、バース市の Mineral Water Hospital Grade Ⅰに登録（日本の国宝に該当）されているが、病院として利用し続けるために、階段の増築が認められている。壁面中央の突出部が増築された階段

施設の改修・改良においては、建築物の部分的な更新、増改築等が必要になる。ところが、更新や増改築が、建築物の歴史的・文化的価値のある部分におよんでしまうと、その価値が失われる恐れがある。一方、価値を重んじるあまりに、更新や増改築を認めないと

いうことになると、施設としての改修・改良は困難になる。
したがって、歴史的建築物の改修・改良にあたっては、一般の建築物とは異なる工夫を加えたり、歴史的建築物であっても更新や増改築を認めたりといった具合に、相互の柔軟な協力体制が必要となる。欧米では、建築物の安全確保、省エネルギーなどの環境対策のほかにも、都市計画等の地域計画をはじめ、様々な法制度やそれに基づく施設の改修・改良について、歴史保存制度との間で柔軟な調整が図られており、両者をあわせて円滑に進められる形になっているのである。(注2)

歴史、地域性と不動産の価値

歴史的建築物・地区の保存を通じて地域性の継承や回復が図られると、それが周辺の様々な事象にもよい影響をおよぼす。その一つに不動産の評価がある。

歴史的建築物・地区が多数残る欧米では、経年後の既存建築物と新築の建築物の不動産としての価格は、遜色がないことが多く、歴史的建築物の中には、新築の建物よりも価格が高いものも存在する。また欧米では、歴史や文化の面で特徴ある地区が、一般の地区よりも不動産としての人気が高い場合も多い。そうした地区では、良好な利用がなされている歴史的建築物だけでなく、その周辺の不動産の価値も、高く評価されることが多い。

これに対して、我が国では、歴史的建築物は不動産としてまったく評価されない。我が国では通常の不動産価値は、経年による減価償却にしたがって低下していくと判断されている。賃料なども経年とともに低下する傾向がある。ただし実際の賃料は、減価償却の割合ほどは下がらないので、少ないながら経年後の建築物の価値も評価されているという見方もできるかもしれない。

欧米において歴史的建築物の評価が高いのは、不動産として人気があることに加え、維持管理が良好に行われていることや、豪華な彫刻や装飾の類が利用されているなど、建築物の質が評価に見込まれていること、ならびに、地域としての評価に利便性以外の様々な要素が見込まれていることによる。なお、欧米でも保険などにおいて建築物の評価額を算定する場合には、歴史的・文化的意義といったソフト面の価値については評価に見込まない。

我が国の不動産評価は、人口の増加や都市への人口集中の影響で、長期にわたって需要過多であったため、主に土地の建蔽率・容積率といった数量的なものや、駅からの距離といった単純な利便性で判断されている。そのため、銀座・赤坂のように例外的にブランド化した地域も存在するものの、ほとんどの地域では建築物の質や地域性といったものは不動産の評価の対象として見込まれていないように思われる。

近年、少子高齢化社会を迎え、地区の空き屋率が上昇するなど、我が国でも不動産の傾向は供給過多へと変化してきている。そうなると、欧米と同様に、良好な維持管理がなされているかどうかといった建築物の質や、個性があって魅力的かどうかといった地域の力が、不動産の評価においても重視されるようになってくるものと予測される。近年実際に、洋風建築が残る神戸の居留地地区や横浜の山手地区では、地区内にある歴史的建築物やその周辺のビルにテナントの人気が集まるなど、建築物の質や地域性が不動産の評価に影響をおよぼしている事例も増えつつある。同様に、外資系の企業や大企業などを中心に、オフィスビルにおいては、耐震性能を評価して事業所の位置を定める例も見られるようになってきている。こうした状況は、安全面からの建築物の質を重視した不動産評価の事例として注目される。

ところで、建築物の安全を考えると、建築時だけでなく、その後に一定の時間が経過した後も重要である。欧米において、不動産の評価に維持管理面が重視されるのはそのためでもある。欧米では、建築物が一定の時間が経過した後も安全であるかどうかについて、不動産の評価だけでなく、行政による監視という点でも我が国よりはるかに行き届いている。

現在の日本の法制度では、建築時の安全を法に基づいて確認しているが、竣工してから一定の年数を経た後の安全に関しては、エレベーターなどの設備の定期検査、消防の検査などを除くと、チェックや監視が働く仕組みは多くない。これに対して、欧米では、行政による建築物の利用状況に対する査察や調査に基づいて、建築物の使用内容の是正や使用停止などの命令といった厳格な措置が実施されている。

こうした措置は、我が国では社会的に敬遠されがちで、規制の強化になるので実現することは相当に困難だと思われる。けれども、一定の年数が経過した既存建築物の安全性を高めることができると同時に、建築物を所管する人々の安全に対する意識を高められるという点では、一定の意義が認められ、見習うべき点は多々あるように思われる。

専門家の役割と責任

歴史的建築物や地区を保存し地域性を継承していくことは、専門家の役割や責任にも影響をおよぼす。なぜなら、歴史的建築物には個別に価値の違いがあり、かつ、経年後の劣化の状況も個々に異なることから、それを一律な規準で定めることは困難であり、その判断を専門家の裁量に委ねなければならない事態がどうしても出てくるからである。また、歴史的建築物や地区を保存しようとすると、地域特有の工法や材料などが必要であると同時に、それらに精通した技術者や技能者の存在が必要になる。地域特有の工法や材料などを活かすには、それらを全国一律の規準で判断することは得策ではないので、地域独自の規準が必要になってくる。地域独自の規準を確立するには、規準にかかわる地域の行政が独自の判断ができることに加え、地域独自の工法や材料を使うことができる技術者や技能者の能力に対して、地域の信頼が得られていることも必要である。

実際に、歴史的建築物や地区の保存が良好に図られている欧米では、専門家（特に設計者）の責任が重視されている。とはいえ、人々が専門家に全幅の信頼を置くことは簡単ではない。そこで欧米では、専門家による判断の是非を第三者機関に検証してもらうことや、専門家による判断によって瑕疵が生じたときに、その瑕疵に備えるための保険制度を設けることなどもあわせて行われている。

こうした第三者機関や保険会社などにも相応の能力を持った専門家が配置されている。例えば、イギリスではサーヴェイヤーと呼ばれる専門家が、設計者や施工者の設計図書、各部仕様や見積りなどをチェックしたり、建築物の維持管理の状態をチェックしたりしている。彼らは、個別の事務所を構えたり、保険会社に属したりしている。

現在の我が国の法制度は、専門家の裁量や責任を少なくする方向に見直されている。また、法制度として住宅の性能評価制度、瑕疵担保履行制度なども近年導入されているが、それらも専門家の裁量や責任を重視するのではなく、裁量や責任を少なくすることを前提としている。その点では、やはり法制度が、地域の歴史・文化を継承することを、より難しくさせているともいえる。今後、建築関係者が社会から信頼を得て、専門家としての裁量や責任をどう取り戻していくのかは、今後の地域の歴史・文化の継承に大きな鍵を握っているといってよい。

専門家が、地域社会から信頼されるには、彼らが地域に居住し、地域社会から信頼されることが一番の理想である。地域の信頼を得た専門家が、建築物の所有者などに対して、診療所の主治医のような立場（ホームドクター）となれれば、歴史的建築物や地区の保存に役立つだけでなく、それが建築物の良好な維持管理にもつながることが期待できる。それは、災害時にも役立つはずである。良好な維持管理ができている建築物ほど、災害時に被害にあう確率が低くなるからである。その効果は、歴史的建築物の場合には、更に大きい。阪神・淡路大震災以降、東日本大震災まで、日本ではたびたびの地震被害に見舞われ、そのたびに被災した歴史的建築物が多数取り壊され、各地で個性のある風景が失われている。その中には、被害の度合いがそれほど大きくないのに、取り壊されてしまった事例も多く、被災後の早い時期に専門家が相談にのっていれば、取り壊しを免れたと考えられるものも少なくない。ホームドクターがいればそうした事態が回避できるのである。見方をかえれば、様々な災害が毎年のように発生する我が国では、ホームドクターの存在そのものが、いわば地域社会の防災能力を高めるインフラの役割を果たすと同時に、不必要な歴史的建築物の取り壊しや歴史的な風景の喪失を防ぐのである。

現在、建築物の新築の経験はあっても、改修・改良の経験が豊富な技術者は少なくなってきている。また、教育機関でも地域特有の工法や材料について授業で取り上げる機会は少ない。更に、地域特有の工法や材料に精通した技能者は、人数が減少しているだけでなく、その高齢化も進んでいる。地域の歴史・文化の継承や、今後の防災対策を考えると、インフラとなるホームドクターを育成することは急務といえる。

(注1) 三浦展『ファスト風土化する日本 郊外化とその病理』、洋泉社、二〇〇四

(注2) 例えば、アメリカのNFPA(National Fire Protection Association)では、歴史的建築物の火災安全対策用のCODE(NFPA914, Code for Fire Protection of Historic Structures)を示しているが、そこでは一般的な規則による方法(Prescriptive-Based Option)のほかに、性能設計による方法(Performance-Based Option)、人的管理による方法(Management Operational Systems)が示されている。

参考文献

後藤治＋オフィスビル総合研究所『都市の記憶を失う前に　建築保存待ったなし！』、白揚社、二〇〇八
西村幸夫＋町並み研究会『都市の風景計画　欧米の景観コントロール手法と実際』、学芸出版社、二〇〇〇

1-3 専門家・市民・建築主の責務

なぜ責務を問うのか

建築とは何であるかという問いに直接答えることは難しいが、少なくとも建築は「耐久消費財」ではないとはいってよいだろう。加えて建築には私有財産としての性格を超えた公共性がともなうし、建築物の存在は程度の差こそあれ何らかの外部不経済を発生させる。また「あなたのおうちはみんなの景色」という標語があるように、建築物は地域環境という市民共有財の構成要素である。そういう意味では建築のあり方は「高い教育水準」「人々の規範意識」あるいは「公衆衛生」のようなソーシャル・キャピタル（社会的共通資本）の一部である。

このような社会の全体像にかかわる分野は、それぞれの立場の人が立場に応じた役割と責務を分担しないと成立しない。立場に応じた責務の認識は、社会を成立させる共通の倫理観を、一段階具体化して個別の行動規範に近づけたものであり、建築に関していえば社会システムの具体的表現である法令などの諸制度が成立する前提条件になるものである。これが建築に関する関係者の責務について言及する理由である。

責務に言及すべき関係者の分類

建築にかかわる責務は関係者それぞれのかかわりあい方によって異なるから、まず関係者の分類が必要である。これについては、平成二〇、二一年度に行われた国土交通省「質の高い建築の実現」に関する検討事業の内容をまとめたコンソーシアム報告書に、建築界の関係諸団体の合意の下に出された関係者の責務分担の検討のためになされた一〇の分類がある。それによると、

①国民
②発注者（建築主、事業主）
③建築に関わる専門家（企画・設計、工事監理から施工、運用・維持管理、保守、解体に至る建築のライフサイクルの中で、企画・設計、施工、運営・維持管理等に関する専門的な知識・技能を有し、広く建築業務に携わる者【個人】）
④建築に関わる事業者（建築のライフサイクルの中で、企画・設計、施工、運営・維持管理などを業として行う者【個人事業者および法人等組織の事業者】）
⑤建築関係団体
⑥研究者・学識者
⑦建築所有者・管理者

⑧建築利用者・居住者
⑨地域住民
⑩行政（国、地方公共団体）

となっている。この検討書は「質の高い建築物の生産」に着目したものなので、生産プロセスへの関与の仕方から建築関係者の分類が細かくなっているが、社会的に見れば一群の建築関係者なので本稿ではこれ（③から⑥まで）を「専門家」としてひとまとめにする。残るは①国民、②発注者（建築主、事業主）、⑦建築所有者・管理者、⑧建築利用者・居住者、⑨地域住民、⑩行政（国、地方公共団体）であるが、行政の責務については社会システムの全体像を定位してから位置づけを考慮するものとして本稿からは除く。そうすると残った五分類は「①国民　⑧建築利用者・居住者　⑨地域住民」「②発注者（建築主、事業主）⑦建築所有者・管理者」の二つに区分されるので、本稿ではそれぞれをまとめて「市民」および「建築主」と位置づけて論ずる。

専門家の責務「最大多数の最大幸福」

建築の専門家としての責務についての集中的な議論としては、本会の「建築の質の向上に関する検討報告書（二〇〇八年度国土交通省補助事業）」に次のような記載がある（第4章「課題への応答」（C）

建築に係る関係者の責務および役割より）。まずそこからどこまで掘り下げられているか読み返してみたい。

【4．（専門家）設計者、技術者、施工者、管理技術者、等】

建築は、事業主等の元にさまざまな種類の専門家が共同することにより実現する。ここで言う専門家とは、法定された資格を有し、その資格の範囲において建築主等から委任を受けて権限を行使し業務を行うものを言う。専門家はその責務として、法令を遵守し、その職能によって社会の負託に応え、基本理念を実現することを自らの使命とするものでなければならない。この責務に基づく専門家の責任とは、委任された業務に対して法令を遵守し、また自らの職能と権限に基づく判断によって委任に応えていることを委任者に説明することを最低限含むものである。

専門家を有資格者としているところは、本稿との分類の違いによるものである。専門家の責務としては「法令を遵守し、その職能によって社会の負託に応え、基本理念を実現することを自らの使命とする」とある。更に責務に基づく責任として「委任された業務に対して法令を遵守し、また自らの職能と権限に基づく判断によって委任に応えていることを委任者に説明することを最低限含む」とある。責務と責任を区別しているところに留意したい。

本会の報告書と並行して、国土交通省によって二〇〇九年三月にまとめられた「質の高い建築の実現について」のコンソーシアム報告書に、建築関連団体の総意としてまとめられた文書がある。原文では「責務と役割」について記述されているので、そのうちの「責務」の部分を引用する。

（3）建築に関わる専門家の責務・役割

（専門家の定義）

企画・設計、工事監理から施工、運用・維持管理、保守、解体に至る建築のライフサイクルの中で、企画・設計施工、運営・維持管理等に関する専門的な知識・技能を有し、広く建築業務に携わる者【個人】。

（専門家の責務）

・「建築に関わる専門家」は、社会性や公共性、地球環境への対応などの広い視野を持ち、各種の倫理規定などの遵守に加えて、総合的かつ専門的な立場から「質の高い建築」の実現に寄与するよう努めなければならない。

・「建築に関わる専門家」は、企画・設計、施工、運営・維持管理等における各分野の最新技術や技能などの知見を生かし、専門家としての創意・工夫や工学的判断に基づいて、「質の高い建築」の実現に寄与するよう努めなければならない。

・「建築に関わる専門家」が行うその専門的な活動が社会および環境に及ぼす影響を熟慮し、建築基準法をはじめとする各種法令遵守を徹底しなければならない。

・「建築に関わる専門家」は、事業者が基本理念の実現に対して責任を果たすことができるよう、専門家としての倫理と責任のもとで関係する事業者に対して必要な意見を適切な時期に伝えなければならない。
・専門家としての倫理と自身が所属する事業者からの要求が矛盾する場面（事業者による経営や経済的判断を優先するあまり、建築に関する基本理念の実現が困難な場合など）に立った場合には、専門家としての倫理を優先して判断と行動を決定しなければならない。
・「建築に関わる専門家」のうち、有資格者は、各資格制度や関連団体等が求める職能や倫理規定を遵守し、自己の能力の維持・向上を図り、常に研鑽に励むよう努めなければならない。
・自らの責任において最新の専門知識および技術の習得と倫理の高揚に継続的に努めつつ、専門性の高い知識や技術・技能を適正に駆使して基本理念に沿った質の高い建築を創造していくことで、建築の公共的価値の向上に努めなければならない。

ここでは「責務」を「なすべきこと」の総体として、七項目にわたり記述している。これらから読み取れる専門家の責務に関する基底的な概念を一言で表すならば「最大多数の最大幸福を実現するために職責を果たす」こととといえるのではないか。ただし「責務と責任」の区分については哲学的および法学的議論が必要であって本稿の手に余るので、ここでは「責任」はその立場によって限定され、かつ具体的で輪郭のはっきりしたものと考えるとするに留めたい。

そのように責務を「人々の幸福のためになすべきことの総体」として捉えると、専門家の責務はその分野の全体像に拡張していく。専門家はそもそも、その分野においては専門外の人に対して圧倒的な情報量を持っているが、これはその分野から働きかけた場合の社会全体の福利向上について定量的な比較考量ができるだけの知見を持っているということであって、この立脚点から「専門分野から見て最大多数の最大幸福を目指す判断をする」ことが責務の基盤であると言える。上記の責務の記述に通底するのはその思想であると読み取れる。

逆にこの「最大多数の最大幸福」を念頭におかず、専門家が自らの責務を専門の世界に限定して捉え、そこにのみ専念する態度、すなわち「自分はやるべきことをやっているのだから、あとはそちらで考えろ」という態度でいるようなことが様々な分野に散見されるが、そこにはその姿勢によって発生するリスクがある。それは「パターナリズムの陥穽」といわれるものである。パターナリズム（父権主義）とは、「専門家が一般民衆のためを考えてやってあげるから、黙ってそれにしたがえばよい」という態度のことである。最近の科学技術の分野における失敗や行政分野でのボタンの掛け違いの場面で、それらの事例の背後に垣間見える思考パターンである。パターナリズムは必ず専門家の首を絞めることになる。なぜなら、専門家の世界だけでは解決できない問題はどの分野においても必ず発生し、それに対してそれまで疎外されてきた一般国民からは助力は得られず専門家だけに解決を強いることになるからである。

パターナリズムの陥穽にはまらない社会をつくるためには、専門家のカウンターパートが重要であり、それは「市民」の役割である。

市民の責務「リテラシーを持つ」

市民の責務として、前出の本会の「建築の質の向上に関する検討報告書（二〇〇八年度）」によれば「国民の責務」として次のような記載がある（第4章「課題への応答」（C）建築に係る関係者の責務および役割より）。

【5．国民の責務】

国民一般の責務として、住宅を含むすべての建築の質を保ち、よりよい国土と社会資産形成をおこなうために、建築に関する基本理念の実現に協力すること、さらにこれらについての社会全体の啓蒙活動、および学校教育における建築・街づくりに関する教育活動の必要性を理解し協力することが求められるとした。

また、「質の高い建築の実現について」のコンソーシアム報告書ではこのように述べている

（1）国民の責務・役割

・国民は、住宅や街並みを含む全ての建築の質を保ち、より良い国土と社会資産形成を目指し

て行政や専門家と協力しながら質の高い建築の実現に協力するよう努めなければならない。

・国民は、建築の文化的・公共的価値を理解し、自らそのまちで暮らす主役としてまちづくりへの意見や行動など地域コミュニティへの参加に努め、国および地方公共団体の施策にも積極的に参加・協力するよう努めなければならない。

・国民は、建築・まちづくりに関する社会的な価値観の共有の必要性について理解し、社会全体での意識向上や、学校教育活動などに参加・協力するよう努めなければならない。

本稿では、国民ではなく「市民」という若干抽象的な用語をあえて用いている。市民とは国民・一般市民・民衆・大衆など、類似の概念が多々ある中で概念規定しにくい。ここでは議論を拡散させないために、「市民」という用語をあえて定義して用いることにする。

「市民」の概念を、「大衆」と対比して定義する。

「市民」についての古典的な定義は、オルテガ・イ・ガジェットにより「精神の貴族主義」の文脈において論じられている[注1]。オルテガは「共同生活への意志」を持つものが市民であり、それを「エリート」「貴族」とも呼ぶ、としている。オルテガは時に貴族主義者として批判されているが、これは決して一般国民を疎外する意図ではなく、貴族的意思を持たないものは近代社会の構成員としてふさわしくない、という信念に基づくものである。オルテガによれば、「貴族」の条件をなすものは血統でも権力でも資産でも文化資本でも特権でもなく、「自分と異質な他者と共同体を構成することのできる」能力、「異質な他者と対話する力」のことである。つまり、「貴族」とはその言葉のもっとも素朴な意味における「社会人」のことなのである。[注2]というより、社会とは本来「精神の貴族」たちだけによって構成されるべきものなのであるという。思想家の内田樹氏はこれを現代社会の様相に移植して説明している。[注3]

内田氏の著書の中での比喩を借用する。

「事故で電車が止まったときに、駅員に詰め寄るのが『大衆』、復旧手助けをするかせめて復旧の邪魔をしないのが『市民』」

「年金不祥事が起きたときに年金を納めるのがいやになったと言うのが『大衆』、どうしたら年金制度を再建できるのかを考えるのが『市民』」

大衆との比較で市民を定義しようとしているが、ここから読み取れるのは、市民とは「自分が社会を構成するシステムの一部であって、自分たちが理性的に何かの行動をしなければ社会システムは成立しないことを自認する人々」である、ということだ。市民は、専門外の事象に対しても主体的に意思表明をする。専門家に丸投げしないことによって、問題が発生したときにも単純な社会批判、専門家批判に終わらせない。そうあってこそパターナリズムの陥穽を避けることができる。

そのような市民であるためには、複雑かつ壮大な構成要素の組合わせからなる現代社会において、それぞれの専門技術分野に関しても、それを最終的に市民社会のガバナンスの下に制御できるだけの「リテラシー」を持たなければならない。でなければ、社会を維持し前進させ、次の世代に受け渡すという文明社会の構成員としての最低限の責任を果たすことはできない。このことはコンソーシアム報告書に記された責務を果たす上でも必要な市民の資質といえるだろう。この具体的な責務を果たすための「リテラシーを持つこと」。これが市民の基本的な責務である。

市民がリテラシーを持つためには、そのための「学びの場」がなければならない。学びの場とは、アウェアネスすなわち「気づき」を与えられる場のことであり、建築とそれによって構成される地域環境をつくっていく分野においてはその結果に市民の意思を反映することによって、成功も失敗もまた問題もその解決策も、市民が我がこととして捉えることとなる場である。このような場をつくる責務は、市民社会を育成する責務を持つもの、すなわち国の仕事である。成熟社会の社会システムは、国によるこのような認識をきっかけとしてつくられていくであろう。

建築主の責務「最終意思決定者」

ここでもまた、前出の本会の「建築の質の向上に関する検討報告書（二〇〇〇年度）」を引用するところから、論を起こしてみる。

2.（建築主等）建築主、事業主、投資者、など

（基本理念に関する法令には）建築主、事業主については、建築の生成についての第一義的な責任は建築主等にあることを明示する必要があるのではないかと考える。その上で、建築主等は専門家等にどのような権限と責任を委譲するかを契約に定めることで、専門知識を伴う建築行為の責務を果たすことにつながる、という記述に構成することで、責任の所在とその果たし方を理解されるようにしたほうがよい。現行の建築士法および建築基準法は、これらの点に記述が明確でなく、また建築確認と設計責任の関係も国民一般の理解と法の原則に齟齬があったことが、過去に大きな問題を引き起こしたことから出た意見である…。

また、「質の高い建築の実現について」のコンソーシアム報告書では「発注者の責務」として次のように述べている（一部は専門家などからの「要望」に近いので割愛する）。

（2）発注者（建築主、事業主）の責務・役割

・発注者は、建築の持つ公共的価値を共有し建築をつくりあげる第一義的な責任を持つものとして、質の高い建築づくりを目指すとともに建築利用者の満足度の向上に努めなければならない。

・発注者は、建築が地域文化の一つとして公共の利益に関わることを十分認識し、建築の地域における位置付けや地域住民の意見、専門家の創意などを受け入れるよう努めなければなら

ない。

「建築主」とは建築基準法・建築士法の用語として建築の設計・施工の発注者をさすものである。建築主とは個人住宅の建主であることもあれば巨大開発の事業主であることもある。建築主はいずれにしても市民であり、事業として建築を行うのであれば専門家（必ずしも技術の専門家ではないとしても）でもある。したがって建築主は市民としても専門家としても責務を負うものであり、建築における意思決定の最終責任を負うものである。

この、「建築における意思決定の最終責任を負うものである」という表現に関して、日本建築家協会の法制度委員会において一般の建築主にヒアリングをしたものがあるので、参考になる意見を抜粋してみる（日本建築協会法制度委員会・「建築まちづくり憲章案について」検討意見（二〇一二年九月）より）。

・建築の質の決定に関しては最終的に建築主に責任がある、責任を果たさなければならない、と言うのは心情的に理解できる。
・建築物の安全水準の選択について建築主が最終的な決定をするのは当たり前なのに「建築主が安全に対する責任を果たす」と言う言い方をあえてするべきなのだろうか。それをこんなに強調するのはなぜかと逆に疑ってしまう。専門家の責任逃れのような感じがする。「建築物の安全性のレベルを決めるのは、最終的に建築主の自己責任」と言うのが正しい言い方ではないか?

・建築主責任については、それを社会の共通認識とすべきであるなら、それを果たすことが自分たちにとってどういう利益につながるのかをダイレクトに語ってほしい。資産価値の保全とか。地域の向上につながると言うのは理解できる。

・その場合、開発業者に対する罰則やすり抜け防止、地域環境をまもらせるための仕組みに専門家の判断を取り入れるのは重要。専門家は事業者とは別種の力を持つ存在であってほしい。

・おかしなものを作るのは、地域環境を劣化させて、他人の財産価値を損なう行為であると言えないのか。みなで一緒に地域の価値を高めていく仕組みを作ることは大切。特に地方や過疎地では切実である。

専門家の考える建築主責任と大きな齟齬はないように読み取れる。ただしこの意見を述べたのは、いわゆるプロの事業者と、建築家協会の会員とつき合いのある個人建築主であるから、住宅を単なる耐久消費財と考え、自分は消費者であって無辜(むこ)の消費者には完全無責任の原則があると主張する建築主とは少し異なる。逆にこれらの消費者を自認する建築主もまた建築基準法上の責務は当然に負っているのであるから、建築と地域環境の構成における「市民の責務」から徐々になじんでいってもらうことが必要であろう。また、ここに述べられた意見のうち、四番目の項目にある「責務を果たすことがどういう利益につながるのか」という問いは重要である。責務と利益が相反ではなく相補的関係になったとき、社会システムは飛躍的に充実するからである。

成熟社会における建築主責任「責務と利益の相補的関係」

1章を終えるにあたって、成熟社会においては建築にかかわる関係者それぞれの責務が問われる時代に入ると同時に、その役割を正しく果たすことが自らの利益に直接反映される時代になることを指摘しておきたい。

それは、前2節で論じたように、成熟社会は必然的に「ストック社会」であることによるものである。ストック社会で重視される、あるいは重用される資質とは「目利き」である。これは書画骨董をはじめ、あらゆる種類のストック（中古品といったほうがわかりやすい）を扱う場面に共通している。ある基準に沿って生産される新品と異なり、中古品はすべて出所来歴が異なり、またその時点での状態も千差万別であって、その価値を正しく見極めるためには相当の訓練が必要である。これは建築物においても同様であり、人の移動が激しくなる時代においては地域環境の見極めもまた同様である。

中古品は、一部の例外を除いて、原則として自己責任で価値を判断しなければならない。鑑定評価などのシステムがどれだけ公的に整備されたとしても同様である。評価に付される性能状態の更に内側にあって見えてこない部分は、専門の評価者といえども厳密な鑑定は不可能であるし、評価者の資質にも当然に左右されるからである。建築物は建築基準法などの法制度が保障しているとしても、それは最低基準であって、価格と価値のバランスが適切であるかどうかはそのストック建築物を入手しようとする本人が、取引相手の信用度を含めて判断しなければならない。公的機関の役割は、このようなストック市場に必然の専門家と素人の間にある情報の非対称性によって引き起こされる「見えない価値は評価されない」というアカロフの原理(注4)による市場の過誤を最小化する施策をとることまでである。

これは素人の購入者が取引の相手を基本的に信頼することができ、過誤に対しては事後的救済がなされ、かつ万が一の見落としがあったとしても人命のような回復不能な事故に至る可能性を最小化する施策である。まず事業者である仲介者（リノベーションの事業者であることもある）が、正しく倫理観を持つことで初歩的な信頼を得ることにより、ストック市場全体への信頼を形成する。加えて専門家である評価者、供給側の技術者が信頼を得ることが、市場の円滑な働きをもたらす。また、市民が基本的なリテラシーを持つことによって、悪意の市場撹乱者の登場を抑制することは重要である。日本人に固有の消費者の厳しい目を、新品のみならず中古の建築物に対しても働かせる能力を持つことが、結果として市民社会全体の利益を最大化することにつながる。

公的機関には、善意の市場参加者の過誤による損失を補償する保険制度の整備も求められるであろう。しかし物品と異なって、建築物はその居住者のみならず第三者の生命にも直接の影響を及ぼすものであるから、事後的救済システムでは意味をなさないので性能確保を強制する必要がある部分が残る。しかしすでにでき上がっていて何年も経っているストック建築物に対しては、建築基準法のような事前規制型の安全対策では限界がある。この点を補う上で最も効果的なのは、流通時の人的規制である。具体的には建築を扱うものに最低限必要とされる倫理観を共有できない専門家と事業者を、市場から退出させるメカニズムを整えることである。

いかなる中古品市場でも、一度でも不適切な品物を流した事業者・専門家は二度と信頼を回復できなくなる厳しさがある。中古建築物に関しては、制度で物の性能を下支えしようとしても限界があるので、違法あるいは不適切な改修などがなされたものが流通しないようにするためには、それらに関与する専門家、事業者の質と倫理観を一定の水準に保つ社会システムを整備することが必要である。建築ストックの流通を国家的命題として推進する以上は、それだけの覚悟のある市場構成員を育成しなければならない。

（注1）オルテガ・イ・ガジェット『大衆の反逆』、神吉敬三訳、筑摩書房、（ちくま学芸文庫）、一九九五
（注2）戸田山和久『「科学的思考」のレッスン―学校で教えてくれないサイエンス』、NHK出版（NHK出版新書）、二〇一一
（注3）内田樹『ひとりでは生きられないのも芸のうち』、文藝春秋、二〇〇八
（注4）財やサービスの品質が外から見えないために、結果として低品質のものばかりが市場に出回ることになるという経済学上の原理のこと（ジョージ・アカロフ「品質の不確実性と市場メカニズム」一九七〇）

2章　成熟社会におけるまち・都市のすがた

2-1 縮小時代の国の形

成長時代に累積された問題

二〇世紀の初頭、一九〇三年の日本の人口は四六七三万人だった。六五歳以上の高齢化率は六・九パーセントと、日本はまだ若く、まさに『坂の上の雲』を見ていた時代である。それから約百年、二〇一〇年の総人口は1億二八〇五万で、これがピークと考えられており、その後は人口減少が続き、二一〇〇年人口は四九五九万人と推計されている。大雑把にいって、日本は二〇世紀の百年間で人口を二・七倍に増やし、二一世紀の百年間でそれを二・七分の一に減らすことになる。この意味では、現在は、有史以来増加の一途をたどってきた人口がはじめて長期的な減少に転ずるというまさに歴史的転換点にある。

これまでの成長の百年、特に二〇世紀後半の五〇年の間に、我が国の国土と集落は大きく変貌を遂げ、都市が我々の生活の中心的舞台となり、生活は豊かに、そして便利になった。その一方で、私たちはかけがえのない自然環境や、美しい風景を失い、国土と都市、街と地域をいびつな形に変えてしまったのではないだろうか。

最もマクロなスケールから話を始めれば、国土の一極集中の問題がある。高度成長期から始まった大都市への人口の集中は、一九八〇年代以降は東京への一極集中と形を変え、スピードと程度を増しながら、今もそれは続いている。東京の都内総生産額は我が国の国内総生産額のおよそ一八パーセント（二〇〇七年度）を占めており、二位の大阪府（約七・五パーセント、同年度）、三位の愛知県（約七・二パーセント、同年度）を合わせたものよりもはるかに大きい。沖縄県、滋賀県などの一部の府県を除き、すでに人口減少が全国で顕在化している中で、東京および隣接三県はまだ当分の間は人口増加が続くと推計されており、今や東京およびその周辺は、「その他」とは性格の異なる別の国の様相を呈している。

地方に目を転じてみれば、多くの地方都市ではモータリゼーションの進展により、市街地が低密度に拡散し、これに人口減少が加わって、今や地方では、市街地は依然として拡大しているにもかかわらず、ＤＩＤ地区の人口・面積ともに縮小し始めているところさえ珍しくなくなってきた。郊外の幹線道路沿道には、過剰な駐車場を備えた大規模店舗・集客施設が立ちならび、あたかも自動車のための商店街を形成している一方で、農地は無秩序に宅地化され、残った農地にも耕作放棄地が点在している。その結果、伝統的に地域の文化を育み、そしてそれを経済に転換する場所だった中心市街地の空洞化にも歯止めがかからない。

都市の内部でも、いびつな市街地が形成されてきている。住宅は、戸数という観点からはすでに十分な量が充足され、全国の空き家は七〇〇万戸を超えている。周辺部に向かうにしたがって空き家戸数は増え、管理を放棄されたようなものも少なくない。他方、成長期に急速に普及した住宅形態であるマンションは、初期に建設されたものは老朽化と建替えが問題となり、近年は高層化にともなった景観紛争が絶え間ない。良好な住宅地とされたところでさえ敷地の細分化が進行し、住環境や景観上の問題を発生させている。

そして、そうしたいびつな市街地であっても、安全面の向上だけは図られてきたはずだったところが、阪神・淡路大震災と東日本大震災の二つの巨大災害によって、安全への信頼は根底から揺らぐことになった。大都市内部に残る木造密集市街地を筆頭に、予想される大規模災害に対する都市の備えは、現在、喫緊の課題となっている。

成長の時代から縮小の時代への転機を迎えた今、私たちは、成長の時代に積み重ねられてきたこのような課題を解決し、時間はかかるかもしれないが、安全で、活気にあふれた、美しい国土と都市、地域をつくり上げねばならない。それは私たちが、これからの世代に対して有する責務でもある。我々を取り巻く生活空間がこのような課題を抱えるに至ったことについては、市街地の建設をコントロールする社会的仕組みに大きな責任がある。したがって、その問題を明確にすることから始めねばならない。

市街地制御にかかる仕組みの課題

市街地は個々の建築物が集合し、それに道路や公園といった公共空間が組み合わさることによってできている。このうち、道路や公園といった公共空間は都市計画法が、そして集団としての建築物は、都市計画法の一部および建築基準法（当初は市街地建築物法）の集団規定によってコントロールされてきた。しかし、驚くべきことに、少なくとも成長の一〇〇年の最初の五〇年間は、後者については工場を住宅からできるだけ分離することを除いてはほとんどコントロールしようという意図がなかったといってもよい。ようやく一九六八年に現在の都市計画法が制定され、それに伴う建築基準法の改正が行われたことによって、集団としての建築物を制御する体系ができ上がったものの、それも成長の支障にならない程度の最低限のものだったといっても過言ではない。

その後、現在に至るまで、対処療法的に改正が進められてきた結果、現在、集団としての建築物のコントロールにかかる仕組みの体系は、要約すれば次のようになっている。

①［基本形］（用途地域一八五万ヘクタール／都市計画区域一〇〇〇万ヘクタール）
都市計画法＝開発（建築可能な場所）と開発可能地内の大まかな土地利用機能の配置
建築基準法集団規定＝敷地内の建築物の用途・形態・（位置）・（構造）

②［特別形］（地区計画一二・六万ヘクタール）
都市計画法＝地区計画（地区整備計画）
建築基準法集団規定＝地区整備計画の詳細な条件＋条例による建築確認対象事項化

まず、注意してほしいのは、ベースのルールである基本形でさえ、適用されるのは都市計画区域の一〇〇〇万ヘクタール、国土の四分の一に過ぎず、更に厳密にはその中でも用途地域が指定されている一八五万ヘクタール、国土のわずか五パーセントに過ぎないという点である。

次に右記の基本型、特別形のそれぞれに変形が加わる。例えば［基本形］の集団規定には総合設計があり、［特別形］の地区計画はすでに全貌を把握することが困難なほど多くのバリエーションがある。結果として、集団としての建築物の質の確保を担ってきた法制度は、極めて複雑でわかりにくいシステムとなっている。

集団としての建築物を制御するために現行法体系が基本として採用している制度は用途地域であり、これは一般的にはゾーニングと呼ばれる手法である。

本来、ゾーニング制度には、①規制が事前に明示されており、集団としての建築物環境の予測が容易であること、②手続きが効率的であること、のメリットがある。建築物に対する規制は個人の財産に対する制約であるから、建築活動が活発な成長の時代には、それが事前明示されていることは建築主にとっては望ましく、また、手続きが効率的であることは、活発な建築活動を効率的に制御する点でプラスだったといえよう。

しかしながら、実は①の集団としての建築物環境の予測が容易であることは、Ⓐゾーニング規制が個別に作用する敷地がおおむね均等で、かつ事前確定していること、Ⓑ例外規定（変則適用）が極小化されていること、の二つの前提条件が満たされてはじめて成立する。ところが、我が国の現行法システムでは、まず敷地規模は極めて不均等で分散が大きく、かつ（ごく一部の地域を除いて）

自由に統合・分割することができる。またすでに記したように、例外規定が極めて多い。その結果、集団としての建築物環境の予測はほとんどの場合不可能であり、なかなか事前に市街地のすがたを予想できないという好ましくない状況をもたらしている。

このような状況は、第一種、第二種の低層住居専用地域、工業専用地域を除いた残りの地域（全用途地域の七三パーセント）ではおおむね共通していると思われるが、とりわけ著しいのは第一種、第二種住居地域、準工業地域（合わせて全用途地域の三八パーセント）である。

一方、②手続きが効率的であることは、ゾーニングが想定する範囲内の（平均的な）建物についてはは大きなメリットと考えられるが、想定外の特殊な建築行為が出現した場合にはその限りではない。そして、上述の事前確定でないという状況によって、想定外の特殊な建築行為が実際には頻繁に発生し、紛争が多発するという事態が生じている。

次に、建築物の質について考えてみよう。建築物の質は個々の建築物単体のみならず、集団としても確保する必要があることはいうまでもない。しかし、現行法体系で考慮している集団という観点からの建築物の質は、①集団としての建築物の機能、すなわち交通・安全・防火・衛生、と②相隣関係、すなわち隣接敷地に過大な（受忍限度を超える）迷惑をかけないことの二つである。

このうち②の相隣関係については、もともとは隣接する敷地間の利益調整であることから民法によるものと考えられるが、個別の利益調整から生ずる社会的コストの増大に鑑み、建築基準法集団規定に一部組み込まれるようになった。典型例としては、日影規制が挙げられる。

しかしながら、集団としての建築物の質が、これら二つでは今日的な観点から十分でないことは明らかである。まず、集団としての建築物の機能には、古典的四項目である交通・安全・防火・衛生に加えて、例えば「持続可能な環境」などを加える必要がある。また、相隣関係については、建築紛争が減少するどころか増加している現実を見れば、明らかに機能していないといわざるを得ない。その背景には、すでに述べたような隣接地に何が建設されるか予測できないという状況に加え、眺望や景観といった新たな価値観の台頭がある。

また、建築基準法の集団規定は、正確には「集団という観点からの個別建築物の質」の確保を通じて、「集団としての建築物群の質」の向上が図られるという論理構成をとっているが、そこには「合成の誤謬」の問題があることはよく認識されている。いい換えれば、一個一個の建築物の質を高めても、必ずしもそれらが集まった市街地の質がよくなるとは限らないということである。

二〇〇四年の景観法の制定は、部分的ではあるもののこれらの問題に対する対応と評価することができる。しかしながら、都市計画法・建築基準法集団規定とは別の独立したシステムとして整備されており、密接に関連するものの連携が十分であるとはいえない。

そもそも集団としての建築物の質の確保にかかわる現行法体系がこれほどまでに複雑化した一因は、すべてを国の法律で定め、地域はメニューとして示された中から選択するという方式にある。集団としての建築物の質は、当然のことながら、周辺の建築物・建築環境によって千差万別であって、このようなメニュー選択方式には限界があることは明らかである。従来の交通・安全・防火・衛生や相隣関係といった点で最低限の基準は国で定めるとしても、本来、集団規定は地域の特性を反映したルールであるべきであることは明らかであり、地域が条例などの手段によってルールを決められることが求められている。

最後に建築確認制度の課題である。よく知られているように、建築確認は「羈則裁量」であり、判断に裁量の余地はない。その背景には、すべてのルールは「事前明示」され、「事前確定」しているという前提がある。また、総合設計のように特定行政庁の「許可」とされるものについても、実際には許可の条件が事前に明示されているため、裁量の余地は例外的な場合を除いてほとんどない。そこでは、すべてのルールは「事前明示」され、「事前確定」しているべきであるという思い込みと、同時に産業界からの強い要請もある。しかしすでに述べたように、実際には多くの場合、ルールは「事前明示」されてはいるものの「事前確定」しているとはいい難い。すでに述べたように、集団としての建築物の質が周辺の建築物・建築環境によって千差万別で、本来、集団規定は地域の特性を反映したルールであるべきとするならば、それにともなって、建築確認にも、少なくとも部分的には裁量を認める「許可」制が求められている。

また、現行の建築確認制度においては、特定行政庁と民間確認検査機関が確認の主体とされている。統計によれば、多くの確認はすでに民間確認検査機関によって行われているが、接道状況、都市計画施設内かどうかなど集団規定その他の一部については特定行政庁が判断しており、二つの確認主体がかかわることによる手間と錯誤、またそのことによるトラブルの発生なども報告されている。右記の要請によって地域のルールは地域が定めるのであれば、同時に、その運用には地域が責任をもってあたるべきであり、集団規定については特定行政庁（もしくは自治体）が確認の主体とすべきである。

改革の方向

都市計画法に関しては、抜本改正の議論が国土交通省において数年前から始められており、二〇〇九年六月に、社会資本整備審議会都市計画・歴史的風土分科会内に設置された「都市政策の基本的な課題と方向検討小委員会」から報告が出され、その中では今後めざすべき都市の将来像として「エコ・コンパクトシティ」が提示されている。また二〇一〇年七月には、都市計画制度小委員会が設置された。政権交代の影響で一時期審議は止まっていたが、二〇一二年九月に中間とりまとめとして「都市計画に関する諸制度の今後の展開について」が出され、その中では、「『集約型都市構造化』と『都市と緑・農の共生』の双方がともに実現された都市を目指すべき都市像」と位置づけている。

建築基準法集団規定については、国土交通省においても改正のための研究会は開催されたものの、そこでの議論は個別課題に対する改善の方向性にとどまっており、筆者の知る限り、抜本的な改正の議論にまでは至っていない。

また、すでに都市計画法および建築基準法集団規定に関しては、様々な議論や改正への提言が有識者・団体から行われている。

本会に関しては、二〇〇五年三月に、建築基準法・都市計画法特別研究委員会が、「市街地環境制御に関する法制度の望ましいあり方について：建築基準法集団規定およびこれに関連する都市計画制度への提言」をとりまとめており、この中で、①協議調整型ルールの導入、②敷地単位を超えたルールの導入、③国・地方自治体・市民それぞれの役割の確保、④まちづくりにおける専門家の役割の強化、の四つの提言を行っている。

日本都市計画学会では雑誌『都市計画』二七二号（二〇〇八年四月）において「都市計画制度を構想する―二〇一九年都市計画法に向けた課題」と題した特集、日本地域開発センター発行の雑誌『地域開発』も二〇〇八年七月号において「都市計画法の抜本改正を考える」と題した特集を組んでいる。

また、その他にも、蓑原敬氏が『地域主権で始まる本当の都市計画まちづくり』（学芸出版社、二〇〇九）で、現行国土利用計画法と都市計画法の一部を再編し「都市田園計画法」、都市計画法の一部（用途地域、地区計画など）と建築基準法集団規定を統合し「街並み計画法」とすることを提言している。五十嵐敬喜氏らは、『都市計画法改正―「土地総有」の提言』（第一法規、二〇〇九）において、「建築の自由」の背景にある「近代的土地所有権」にメスを入れ、「総有」の観点から制度の再構築を提言している。ＮＰＯ法人日本都市計画家協会も二〇〇八年六月に「都市計画制度の提言

（第一次案）」を公表し、その中で、地区計画制度の再編、基準法集団規定については、集団規定の確認は市町村の事務とすること、協議・調整ルールの採用、「確認」から「認定」もしくは「許可」への移行などを提言している。

このように、これまでの提言では、現行法制度を前提とした上での改善、中期的な観点からの改善、法の統廃合を含めた文字どおりの抜本改正、憲法論議まで踏み込んだ提言などそのレベルは様々である。しかし、改革の方向性には例えば共通する次のようないくつかの原則を考えることができるように思う。

①集団としての建築物の質概念の拡充

一言でいうならば持続可能性ということであろうが、その中には低炭素都市の実現のように狭義の環境のみならず、景観、更には建築後の維持・管理の問題なども含めて考えることができよう。

②地域のことは地域で決める

自治体への分権を意味すると同時に、更に建築協定の一般化、エリア・マネジメントなど自治体内の地域（近隣単位）への分権も考えられる。

③覊則裁量でない協議調整型ルールの導入

望ましい地域の環境の有する固有性、可変性などを考慮すれば、固定的で静的な覊則裁量型の規制ではなく、多様性とダイナミズムを両立させる協議調整型ルールの導入が不可避であること。

④わかりやすいシステム

複雑化した法体系の整理はもちろんのこと、建築物や市街地を抽象的な密度指標でコントロールするのではなく、わかりやすい建物の外形規制に置き換えていくことなど。

これらについて、本章ですべてを再度議論することは、紙幅の関係で不可能であるし、そもそもすでにこれまで多方面で発表されてきたことと重複する。そこで、本章の以下の節では、「羈則裁量でない協議調整型ルールの導入」に論点を絞り、その前提となる望ましい市街地像の共有可能性と裁量性を有する建築許可制度について論ずることとする。

2-2 コンセンサスによる地域・まちづくり　縮小時代の地域像

市街地の変化と「想定」されない建築物

地権者の交代や諸事情により、従前の土地建物利用から大きく異なる、多くの一般市民が「想定」していなかった大規模な建築物が、ある日突然に着工される、といった事態が、現行の土地利用・

写真 2-2-1　歴史的な建築物の背後に建つ大規模マンション
(筆者撮影：金沢市内 2008 年 8 月)

建築規制の下では少なからず発生している（写真2−2−1）。このことが、市街地における街並みの混乱やひいては紛争の多発につながっている場合も多い。

ここでいう「想定」とは、多くの市民が共有している、これまで見慣れてきた街並みのイメージといい換えてもよいだろう。しかし、このような街並みのイメージが、多くの市民や関係者の間で共有されていると、はたして考えてよいのだろうか。さらに、街並みのイメージがどのようなものなのかも、明らかにはなっていないのではないだろうか。

現行の建築物に対するルール（形態・用途規制）は複雑怪奇でもある（図2−2−1）。地域での紛争や混乱を防ぐため、加えて市民への説明責任という視点からも、市街地タイプごとに、将来市街地像を想定し、ルールを規定することが可能か、専門家の判断を蓄積することが必要である。

望ましい市街地像の共有可能性

しかしながら、これまで市民や専門家など、異なる主体の間でどのように市街地像の共有を進めるべきか、ほとんど研究されてこなかった。そこで、そのためのパイロットスタディとして、まずは既成市街地における建物高さや規模・用途を、都市計画に関する複数の専門家が読み取り、その判断がどの程度ばらつくのか検証することを試みた。

具体的には、既成市街地を撮影した写真と、用途地域、容積率、建蔽率という都市計画に関する情報の両方をプロジェクターで同時に投影し、複数の専門家に見せる（図2-2-2）。そこから建物高さや規模・用途を瞬時に読み取ってもらい、デルファイ法(注1)による二回のアンケート（デルファイ・ミーティング）で回答を集約することにより(注2)、専門家の判断がどのように収斂していくのかをみることとした。

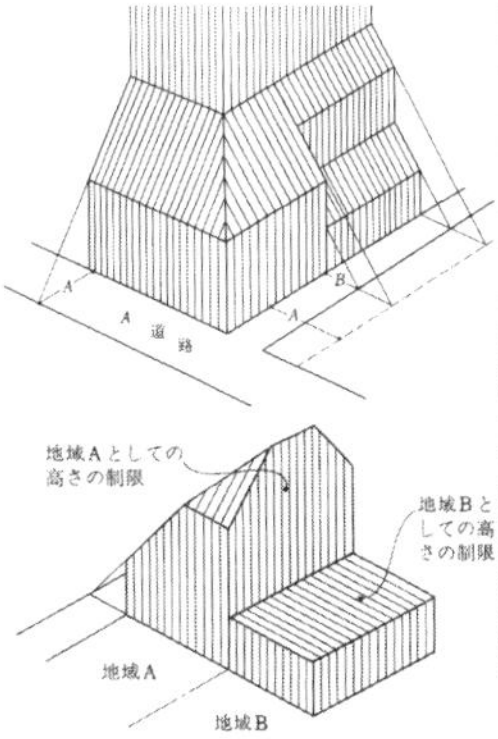

容積率の限度一杯に建築した例
やがてこのような建築物が建ち並ぶことになる。

図 2-2-1　建築基準法による斜線制限と容積率規制（参考文献 1）
建築物の高さを規制する線は市民の目には見えない

デルファイ・ミーティングの実施

都市計画関連の研究者一一名の協力を得て、文献3よりピックアップした五〇地区をサンプルとして、（注3）デルファイ・ミーティングを実施した。（注4）結果は次のようであった。

一回目の回答結果のうち、建物規模に関しては、それぞれ評価は多様な分布を示した（図2-2-3）。すなわち、同じ市街地を見ても、建物規模が「ばらついている」と感じた専門家もいれば、「整っている」と感じた専門家もおり、その評価もばらついていたことになる。次に、再度同じスライドを用いた二回目のアンケート結果では、それぞれの市街地における建物規模に関する評価は、「ばらついている」、もしくは「整っている」へのいずれかへとまとまっていったとともに、評価のばらつきが全体的に減少した（図2-2-3）。これは、建物用途についてもほぼ同様の結果となった。

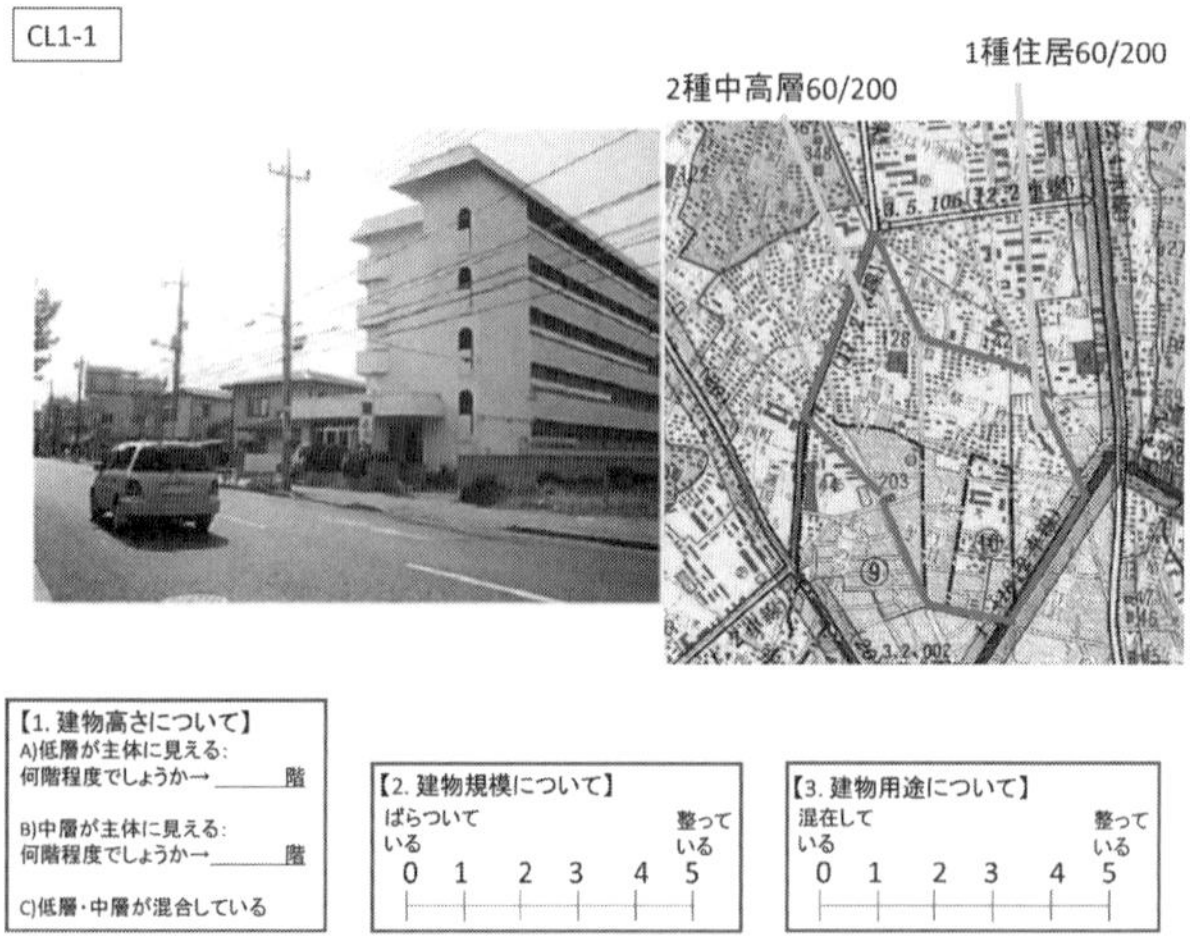

図 2-2-2　デルファイアンケート提示スライド（例）　写真は参考文献３

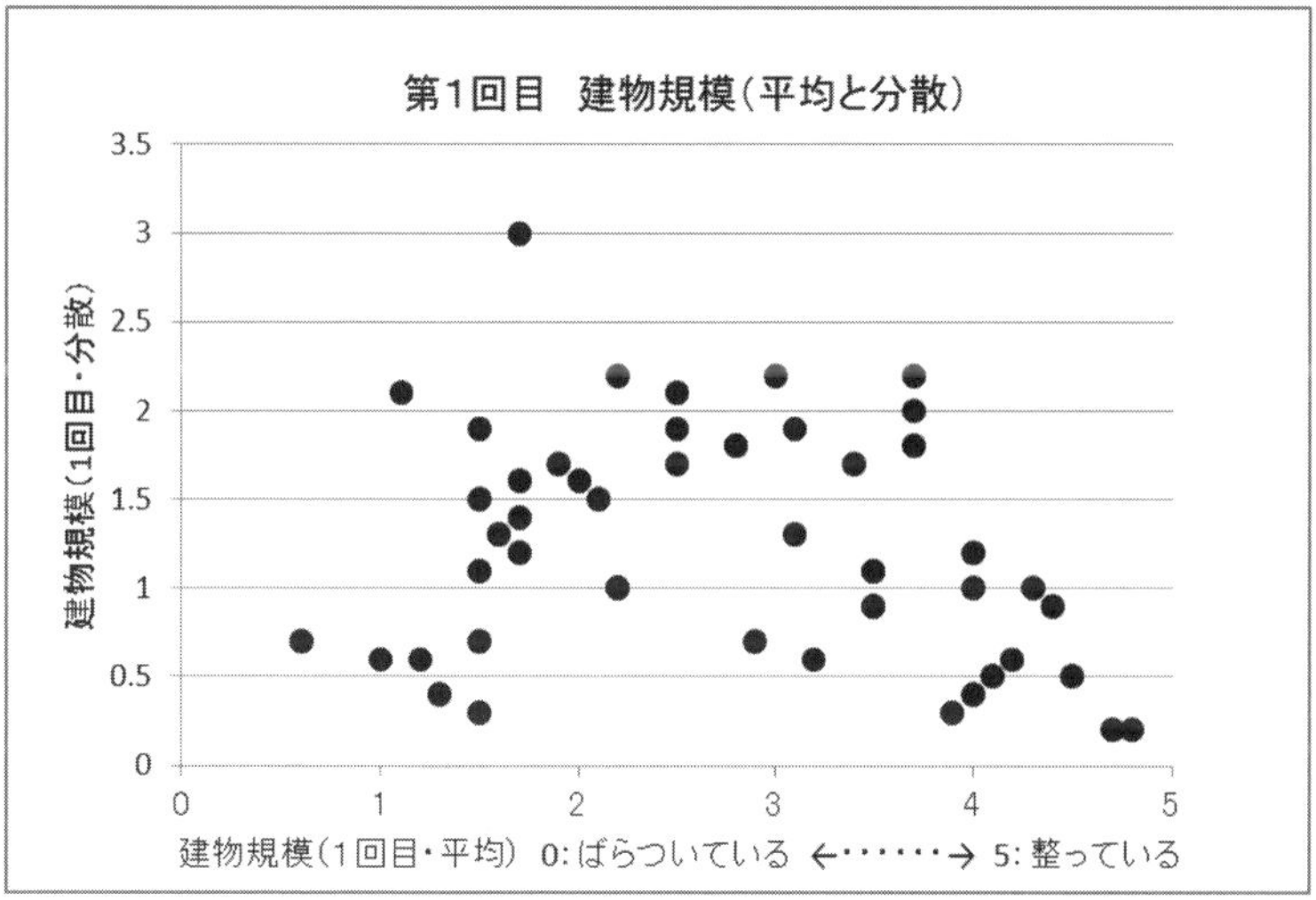

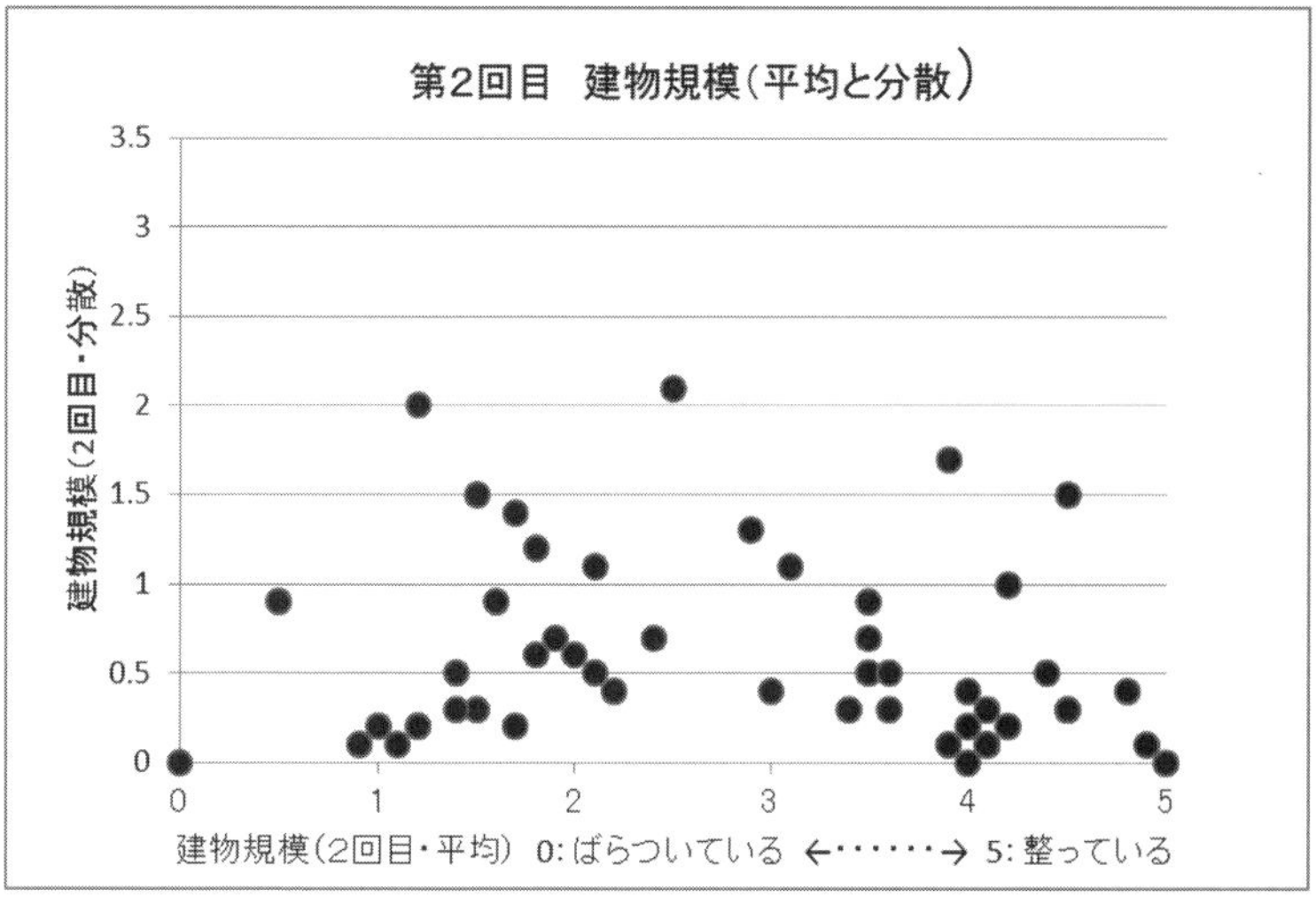

図 2-2-3　建物規模回答平均値・分散とその変化

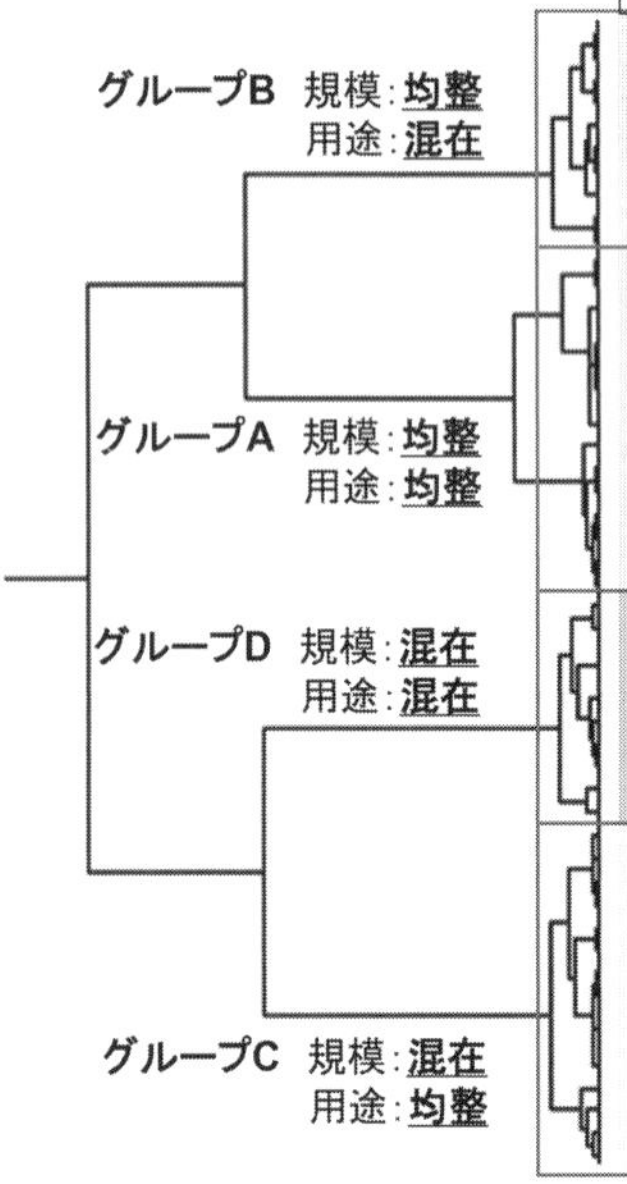

記号	地名・住所	用途地域	容積率(%)	建蔽率(%)
39 CL 30-2	長崎市目覚町	商業	400	80
36 CL 27-1	徳島市中吉野町	近商	300	80
41 CL 34-1	岡山市古京町	近商	200	80
32 CL 24-2	岡山市築港栄町	近商	200	80
23 CL 19-1	金沢市元菊町	準工	200	60
28 CL 22-1	徳島市北沖洲	準工	200	60
11 CL 6-2	大分市東新川・西新川	近商	200	80
9 CL 5-1	松本市城東2丁目	近商	300	80
10 CL 6-1	宇都宮市西川田本町	1住	200	60
7 CL 4-1	大分市小中島	1住/工業	200	60
42 CL 35-2	大分市王子山の手町	2低	150	60
15 CL 9-2	長崎市小江原町	1低	80	50
30 CL 23-2	長崎市ダイヤランド2丁目	1低	80	50
29 CL 23-1	大分市明野東	1低	100	50
18 CL 11-2	徳島市山城町	1低	100	60
17 CL 11-1	岡山市山崎	1低	100	50
13 CL 8-1	大分市大字寒田寒田北町	1低	100	50
12 CL 7-1	岡山市富士見町	1低	100	50
49 CL 39-2	大分市中島西	商業	400;600	80
33 CL 25-2	甲府市天神町	1中高	200	60
27 CL 21-2	岡山市大安寺東町	1中高	200	60
14 CL 8-2	金沢市馬替	1住	200	60
5 CL 3-1	岡山市下中野	2中高/2住/準工	200	60
6 CL 3-2	大分市片島	1中高	200	60
4 CL 2-2	徳島市名東町	1中高	200	60
50 CL 40-1	甲府市相生	商業	400	80
48 CL 39-1	徳島市二軒屋町	商業	400	80
46 CL 38-1	徳島市北前川町	1住	200	60
45 CL 37-2	甲府市丸の内	商業	500	80
44 CL 37-1	宇都宮市大通り	商業	400	80
34 CL 26-1	宇都宮市大曽	近商	200	80
25 CL 20-2	岡山市長岡	1住	200	60
24 CL 20-1	宇都宮市宮原	1住	200	60
31 CL 24-1	甲府市朝日	商業(左)、2住(右)	400;200	80;60
16 CL 10-2	長崎市宝町	商業	400	80
47 CL 38-2	大分市金池南町	1住	300	60
43 CL 36-1	大分市田室町	2住	200	60
38 CL 29-2	長崎市小ヶ倉町2丁目	1住,1中高	200	60
21 CL 16-2	大分市敷戸北	1中高/1低	200;100	60;50
35 CL 26-2	宇都宮市松原	1住	200	60
22 CL 17-1	大分市勢家町	2中高	200	60
40 CL 32-1	松本市南松本2丁目	2住,準工	200	60
37 CL 29-1	大分市萩原	近商,2中高	300;200	80;60
26 CL 21-1	岡山市平田	1中高	200	60
19 CL 14-2	宇都宮市梁瀬町	準工/1住	200	60
8 CL 4-2	宇都宮市戸祭元町	2住	200	60
2 CL 1-2	金沢市泉野出町	2住	200	60
20 CL 16-1	岡山市赤田	1中高	200	60
3 CL 2-1	岡山市今村	2中高	200	60
1 CL 1-1	宇都宮市戸祭	2中高	200	60

図 2-2-4　クラスター分析結果（樹形図）　地区記号は参考文献３による

市街地の類型化

このように、デルファイ・ミーティングを行うことにより、全体的には市街地に対する評価のばらつきが減少する、つまり、市街地像が共有化される方向に働くことが示唆された。これを踏まえて、更に議論を深めるために、市街地の特徴やアンケート結果を考慮して市街地をタイプ別に分類し、それに応じて市街地像の共有をより具体的に図る手法を検討しようと考えた。そこで、全五〇地区について、似た特徴を持つ市街地を、クラスター分析（注5）を用いてグルーピングしたところ、結果として、4つのグループ（A～D）に大別することができた（図2-2-4、図2-2-5）。

まず、最も専門家の意見の集約が見られたのはグループAに分類された一五地

グループA：建物規模：均整型、建物用途：均整型

記号	地名・住所	用途地域	容積率(%)	建蔽率(%)
CL 35-2	大分市王子山の手町	2低	150	60
CL 9-2	長崎市小江原町	1低	80	50
CL 23-2	長崎市ダイヤランド2丁目	1低	80	50
CL 23-1	大分市明野東	1低	100	50
CL 11-2	徳島市山城町	1低	100	60
CL 11-1	岡山市山崎	1低	100	50
CL 8-1	大分市大字寒田寒田北町	1低	100	50
CL 7-1	岡山市富士見町	1低	100	50
CL 39-2	大分市中島西	商業	400;600	80
CL 25-2	甲府市天神町	1中高	200	60
CL 21-2	岡山市大安寺東町	1中高	200	60
CL 8-2	金沢市馬替	1住	200	60
CL 3-1	岡山市下中野	2中高/2住/準工	200	60
CL 3-2	大分市片島	1中高	200	60
CL 2-2	徳島市名東町	1中高	200	60

（低層主体）

No	類型	地名	
42	CL 35-2	大分市王子山の手町	
17	CL 11-1	岡山市山崎	
13	CL 8-1	大分市大字寒田寒田北町	

49	CL 39-2	大分市中島西		27	CL 21-2	岡山市大安寺東町	
5	CL 3-1	岡山市下中野		4	CL 2-2	徳島市名東町	

グループB：建物規模：均整型，建物用途：混在型

記号	地名・住所	用途地域	容積率(%)	建蔽率(%)
CL 30-2	長崎市目覚町	商業	400	80
CL 27-1	徳島市中吉野町	近商	300	80
CL 34-1	岡山市古京町	近商	200	80
CL 24-2	岡山市築港栄町	近商	200	80
CL 19-1	金沢市元菊町	準工	200	60
CL 22-1	徳島市北沖洲	準工	200	60
CL 6-2	大分市東新川・西新川	近商	200	80
CL 5-1	松本市城東2丁目	近商	300	80
CL 6-1	宇都宮市西川田本町	1住	200	60
CL 4-1	大分市小中島	1住/工業	200	60

（低層主体）

No.	類型	地名	
39	CL 30-2	長崎市目覚町	
36	CL 27-1	徳島市中吉野町	
41	CL 34-1	岡山市古京町	

23	CL 19-1	金沢市元菊町	
28	CL 22-1	徳島市北沖洲	

図 2-2-5 ①　デルファイアンケート－クラスター分析による分類結果
（写真は一部地区のみ。写真と地区記号は参考文献３による）

区である。一回目の建物規模、建物用途とも多くの専門家が、「均整が取れている」と評価しており、二回目では、更にその評価がまとまっていった。また多くの回答者によって、低層が主体であると判断されている。次に

回答者の回答とは別に、都市計画図から読み取った用途地域、容積率、建蔽率の組合わせを見てみよう。まず約半数の八地区は容積率、建蔽率ともに低く抑えられた低層住居専用地域であり、規制が有効に機能しているといえる。一方、残る七地区はその多くが容積率二〇〇パーセント、建蔽率六〇パーセントが指定された中高層住居専用地域である。ただし、現状では低層の住宅の立地が中

グループC：建物規模：混在型、建物用途：均整型

記号	地名・住所	用途地域	容積率（%）	建蔽率（%）
CL 38-2	大分市金池南町	1住	300	60
CL 36-1	大分市田室町	2住	200	60
CL 29-2	長崎市小ヶ倉町2丁目	1住,1中高	200	60
CL 16-2	大分市敷戸北	1中高/1低	200;100	60;50
CL 26-2	宇都宮市松原	1住	200	60
CL 17-1	大分市勢家町	2中高	200	60
CL 32-1	松本市南松本2丁目	2住,準工	200	60
CL 29-1	大分市萩原	近商,2中高	300;200	80;60
CL 21-1	岡山市平田	1中高	200	60
CL 14-2	宇都宮市梁瀬町	準工/1住	200	60
CL 4-2	宇都宮市戸祭元町	2住	200	60
CL 1-2	金沢市泉野出町	2住	200	60
CL 16-1	岡山市赤田	1中高	200	60
CL 2-1	岡山市今村	2中高	200	60
CL 1-1	宇都宮市戸祭	2中高	200	60

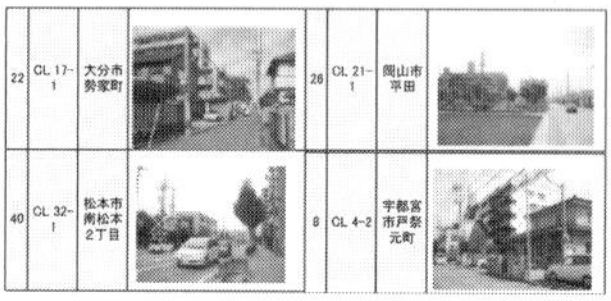

（中高層主体）

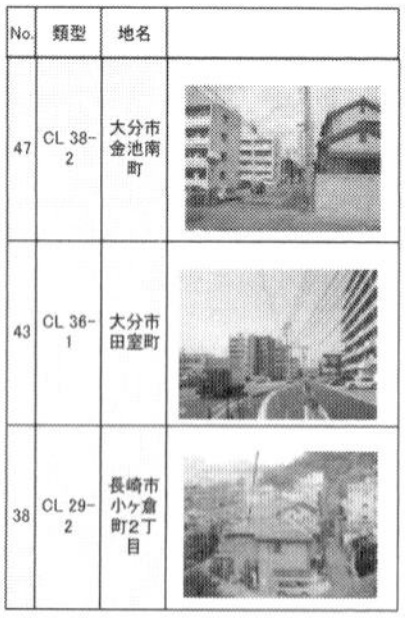

グループD：建物規模：混在型、建物用途：混在型

記号	地名・住所	用途地域	容積率（%）	建蔽率（%）
CL 40-1	甲府市相生	商業	400	80
CL 39-1	徳島市二軒屋町	商業	400	80
CL 38-1	徳島市北前川町	1住	200	60
CL 37-2	甲府市丸の内	商業	500	80
CL 37-1	宇都宮市大通り	商業	400	80
CL 26-1	宇都宮市大曽	近商	200	80
CL 20-2	岡山市長岡	1住	200	60
CL 20-1	宇都宮市宮原	1住	200	60
CL 24-1	甲府市朝日	商業（左）、2住（右）	400;200	80;60
CL 10-2	長崎市宝町	商業	400	80

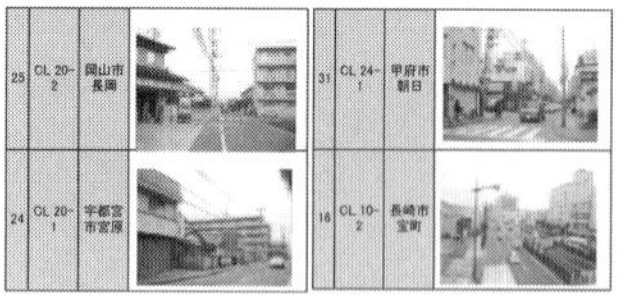

（中高層主体）

図 2-2-5 ② デルファイアンケート－クラスター分析による分類結果
（写真は一部地区のみ。写真と地区記号は参考文献3による）

心であると判断されたため、「均整が取れている」と評価されたグループAに分類されている。しかし、後述するように、ほぼ同じ用途地域と容積率・建蔽率が、建物規模に混在が見られるグループCに属する地区のほとんどに指定されている。つまり、現在は「均整が取れた」地区であっても、将来は建物規模が混在する恐れがあり、注意が必要である。なお、商業地域で容積率四〇〇（三〇〇）パーセント、建蔽率八〇パーセントが指定された地区も一つ含まれている。容積率を活かした高層建築物が整然と立地しており、低層の街並みとは異なるが、同じグループAに属している。これらの地区は、市街地像の共有化が可能と考える

次に、建物規模は均整が取れているものの、用途は混在していると判断されたのがグループBである。こちらもグループAと同様に低層主体と判断された地区が多い。用途地域をみると、近隣商業地域（容積率二〇〇（三〇〇）パーセント、建蔽率八〇パーセント）や準工業地域（容積率二〇〇パーセント、建蔽率六〇パーセント）、第一種住居地域（同）が見られる。ある程度の中層建築物の立地も見られるが、規模としては統一感がある。多くの用途が許容される用途地域が指定されていることからもわかるように、建物用途には混在が感じられるものの、逆の見方をすれば、用途地域により許容された土地利用がなされていることから、問題は小さいとも考えられる。

次は、建物用途で均整型か混在型かという違いはあるが、いずれも建物規模に混在が見られたグループCとグループDである。まず、建物用途で均整型となったグループCでは、低層住宅と中高層住宅の混在が顕著である。用途地域は中高層住居専用地域と住居地域が多く、グループAの説明の中で先述したように、そのほとんどに容積率二〇〇パーセント、建蔽率六〇パーセントが指定されている。今後も敷地面積が大きな空地があった場合には中高層マンションの立地も考えられる。用途地域にしたがって中高層住宅を中心とする市街地像を将来の目標とするならば、現状は過渡期とも判断されるが、このような新たな市街地像に対しては、既存住民からの反発も想像される地区である。

他方のグループDであるが、建物規模、建物用途とも混在型と判断された。加えて、一回目に比べて二回目の評価が、より混在の方に傾いたことに特徴がある。つまり、「低層主体」、あるいは「高層主体」といったわかりやすい市街地像を持つことが難しい地区なのである。用途地域では商業系地域、または第一種住居地域が該当し、既存の一戸建住宅、もしくは併用住宅と中高層建築物の混在が顕著となって現れている。このような用途地域は、各都市において、中心市街地もしくはその周辺の市街地に位置し、にぎわいと住環境の両立といった観点からも極めて重要な地域に指定される。よってグループDに属する地区では、現状をどのように評価し、将来に向けてどのような市街地像を想定するのか、難しい判断が必要だと思われる。

市街地像のバリエーションと、市街地像に応じた都市計画的対応

以上、デルファイ法を用いて、専門家が抱く既成市街地のイメージを集約することを試みた。今回得られた結果は、かなり明快な特徴を示しており、より多くの専門家の判断を積み上げていっても、それほど変わらないように思われる。

ここではそのまとめとして、市街地像共有化の可能性に応じて、どのような都市計画的対応がありうるか、考えてみよう。建物規模が整っていると判断されたグループAとグループBでは、現状ですでに、ある程度定まった市街地像を共有できていると考えられる。このようなタイプの市街地では、既存の手法によって将来市街地像を担保していくことが可能であろう。例えば、

①グループAでは用途地域制と高度地区を組み合わせるといった、既存の都市計画的手法で、整った市街地を維持していく対応が可能であろう。あわせて、地区計画を活用することも考えられる。特に敷地規模のばらつきが増大する懸念（細分化・統合化の両方が考えられる）に対しては、用途地域制や高度地区ではコントロールできないため、地区計画を用いる必要があるだろう。

②建物用途について混在していると見なされたグループBでは、上記に加えて特別用途地区の適用や、あるいは用途に関して協議調整を行うシステムの導入があり得るだろう。

③一方、建物規模が「ばらついている」と判断されるグループCとグループDにおいてはどのように考えていくべきだろうか。マスタープランに描かれた市街地像なども参照しつつ、現状よりも建物規模や用途が整う方向に向かうべきなのか、あるいは現状の混在を許容しつつも、突発的な市街地環境の悪化を防ぐ、といった対応を取るべきか判断が分かれる。誰がどのような手続きを経て、市街地将来像の共有を図っていくのか、難しい課題を抱えている。デルファイ法を用いても、「ばらついている」という理解が参加者間で共有される方向に、意見が集約されていく。

このような状況を踏まえると、市街地像の共有に向けた取組みを模索することと平行して、突発的な市街地環境の悪化を防ぐ目的を持つ、あるいはめざすべき市街地像が定まった場合にはそれに向けての誘導を目的とする、協議調整システムというツールの整備も同時に必要であると考える。これについては次節で詳細を述べる。

市街地像の共有化が可能かを検証するような実践的な取組みはこれまでほとんど行われてきていなかったため、今回の試みはその取掛かりとして位置づけられよう。改善する余地があると思われるものの、このような取組みを、市民を巻き込んだ形で実施することが肝要だと思われる。

コミュニティアーキテクトの必要性

市街地像を共有することをめざし、地域住民を巻き込んだ議論を仕掛けるためには、行政による地域住民への働きかけも考えられるが、その地域の建築やまちづくりに造詣の深い専門家である「コミュニティアーキテクト」による働きかけが重要である。専門的な知識を持たない市民のみでは市街地像の想定は容易ではないし、人事異動などにより短期間で職務が変更されることも多い自治体職員では、継続的な議論が保証されない場合もある。

コミュニティアーキテクトには、建築の法律や制度を、わかりやすく住民に説明するという「翻訳家」の役割もあり、都市・建築に対する住民の理解を深めることにも貢献する。客観的な視点からの指摘は、地域住民にはない視点をもたらす可能性もある。しかしこのような人材は、特に地方都市において不足しがちである。人口減少に対しては悲観的な意見も多いが、急激かつ大量の建築活動の発生が少なくなることを肯定的に捉えたい。時間的なゆとりを持ってまちづくりを進め、地域住民がイメージし難しい法制度をわかりやすく示しながら、新たな地域の価値を創造していく手助けを行う、コミュニティアーキテクトを育て上げる仕組みも必要である。

都市・まちは多数の「地域」で構成されているが、それぞれに一様な市街地像を想定することはできないだろう。各地域は、ジグソーパズルのピースのように、それぞれのピースに特徴があり、全体としてその都市・まちを規定する重要な役割を担っている。それぞれの地域で、地域住民が活き活きと生活し、持続可能な役割を演じるためには一定の新陳代謝が確保された上での、市街地の安定化、すなわち市街地像の共有が求められよう。

（注1）デルファイ法とは、同じ設問を同じ回答者に複数回配布し、二回目以降の調査時には、前回の回答集計結果を回答者に見せ、多数派が形成されている回答に、徐々に集約されていくことを期待する手法である。文科省が一九七一年以来行っている「将来社会を支える科学技術の予測調査」にもデルファイ法が用いられている。「人々の価値観にかかわる意見の整理に適している（参考文献2）」といわれることから、今回の作業にも有効な手法であると考えた。

（注2）まず、街並み写真とその地区の用途地域図を短時間（一地区三〇秒）で同時に見て、①建物階数と低層／中層のイメージ（階数を答えるとともに、低層／中層いずれが主体か、または低層・中層が混合しているかを答える）、②建物規模のばらつき（0～5の六段階評価）、③建物用途のばらつき（同）という三項目を計五〇地区について回答してもらった（図2-2-2）。そして、結果集計を兼ね

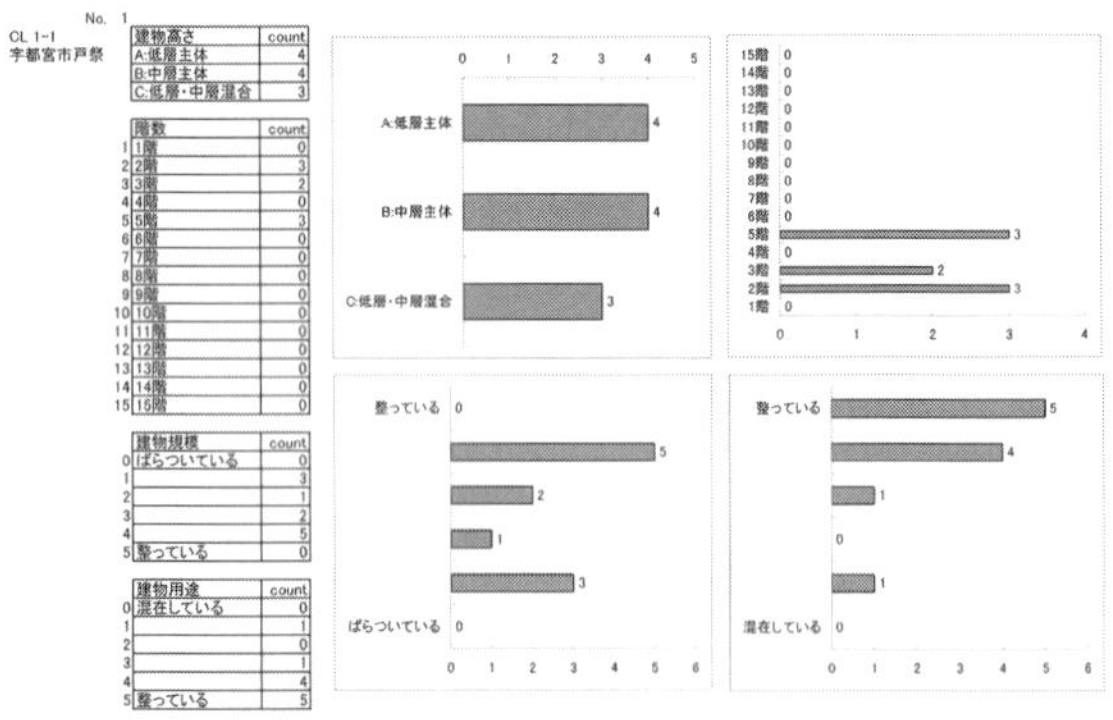

図 2-2-6　アンケート１回目結果提示スライド（例）

た休憩の後に、二回目には自身の一回目の回答と全体での回答分布（図２―２―6）を参照して、再度回答してもらう方法（一地区四五秒）をとった。

（注３）検討に用いた市街地は、谷口守らによる「ありふれたまちかど図鑑（参考文献３）」で取り上げられ、地方中心都市ＣＬに分類された地区・写真（計八〇地区中から市街化調整区域やほぼ同一に見える地区等三〇を除いた五〇地区）とした。これは多様な市街地が掲載されているとともに、一般市民も入手可能であること、広く都市計画関係者が閲覧していることから、一般化が可能と判断したためである。

（注４）二〇一一年四月五日（火）午後二時～五時・建築会館会議室で行われた。

（注５）一回目と二回目の建物規模平均値と分散、建物用途平均値と分散、低層主体割合、低中層混合割合の六項目、計一二変数を用いてクラスター分析（ユークリッド距離，ウォード法）を行った。

参考文献

建築法規用教材　日本建築学会、二〇一二
日本建築学会編「建築・都市計画のための調査・分析方法」五五―五八頁、井上書院、一九九〇
谷口守他　ありふれたまちかど図鑑、技報堂出版、二〇〇七
明石達生「用途地域をめぐる課題」地域開発 Vol.526 三一―三六頁、二〇〇八年七月
日本建築学会　都市・建築に関わる社会システムの戦略検討特別調査委員会「第３回建築・社会システムに関するシンポジウム　裁量性を有する建築規制の可能性」資料
日本建築学会法制委員会　協議調整型ルール検討委員会「シンポジウム『集団係蹄をめぐる「裁量」と「協議調整」の実態』資料

2-3 裁量性を有する建築許可制度

裁量性について

街なかに建物を建てる場合、その建物による周辺影響や公共施設への負荷をコントロールするために、様々な法令により建物が満たすべき基準が定められている。その基準の中核的な部分を占めているのが建築基準法集団規定であり、その執行の仕組みが建築確認制度である。建築確認は、「確認」の語からも類推されるように、設計内容が法令基準に適合しているか否かを一定の資格者が判定するもので、裁量の余地のない「羈束（きそく）行為」であるとされている。

羈束行為とは、それを司る行政主体（通常は自治体の長）の判断を法令の規定によって羈束（拘束）した上でなされる行為であり、行政の恣意的な判断により制限を受ける市民や企業が不利益を被らないようにすることなどを意図した方式である。そのため、羈束行為で用いられる法令基準は、含みのない具体的なもの（高さや面積などを数値で示し、建物用途や外壁材料等を具体名で名ざしするもの）でなければならない。したがって、面積の計測が難しい建物や名指しされていない新種用途が出現した場合には、行政現場で弾力的に判断することは許されず、それらをどう取り扱うかについて統一的な方針を国の技術的助言などの形で速やかに作らなければならない。

羈束行為に対置されるのは裁量行為である。裁量行為は、案件ごとの個別的事情に的確に対応して制限の本来目的に即した弾力的運用を確保することを意図した方式で、行政主体の裁量的判断が一定程度許容される。裁量行為で用いられる基準は、制限の具体的目的（その制限によって何を達成しようとするのか）を明示しつつ、そのために必要な措置に関しては一定の解釈の幅を有する定性的な形で規定される。

この方式を採用する場合は、基準内容の事前予測性確保と行政主体の恣意的判断排除とが重要な課題となる。基準が定性的に表現され、個々の敷地の状況や建築計画の内容によって要求される内容が変わってくる（それも役所の担当者の判断で振り回される）とすると、建築主にとっては安心して土地を購入し建築計画を立てることができないという心配が出てくる。そのような心配がない方法を採用しなければならない。その方法については「我が国における裁量型制度のイメージ」の項で述べることとする。

現行制度が抱える問題

現行の建築確認制度に変えて裁量性を有する建築許可制度に移行すべきことを述べようというのが本節2-3の狙いである。したがってことの順として、現行制度のどこに問題があるのか、それは確認制度の改善ではできないのかといったことを、まず明らかにしたいと思う。

現行の集団規定は、「用途地域」という概念を基軸に据えて構成されている。用途地域とは、都市活動に必要な「住」「商」「工」などの建築床を、それらを支える都市基盤施設の整備状況・見通しに対応させて都市内に適切に配置・配分するとともに、それらの建築における諸活動が互いにディスターブすることを回避するために必要な制限を定めるものである。その方法として、全国共通の標準的市街地モデル（現在は一二モデル）と各モデルに対応する建築制限（用途・高さ・密度など）を国の法律で定め、この「市街地モデル＋建築制限」のパッケージを自治体が都市計画手続きにより現実の市街地にあてはめる方式を採用している。この方式は、いわばレディーメイドの規制パッケージを現実の市街地に適用するものであるので、しばしば規制内容の過不足が発生する。ある市街地では用途の制限が厳し過ぎ、別の市街地では高さの制限が緩やか過ぎるなどである。これが第一の問題である。

第二の問題は、用途地域に対応する建築制限に、制限目的が明示されていないことによる問題である。建築制限は、用途制限、高さ制限、容積率制限、建蔽率制限などの組合わせにより、都市計画法（第九条）にその目的・性格が規定されているところの各市街地モデル（用途地域）の実現をめざす建前になっている。その意味では、制限目的は抽象的には示されているといえなくもないが、この規定だけでは個々の制限のあてはめに際して機械的判定が困難なケースの判断の手がかりにはならない。用途制限は敷地内または敷地周辺にどのような環境水準を確保するためか、容積率や建蔽率は敷地内または敷地周辺にどのような空間状況を確保することを目的にしているのか、そういうレベルでの制限目的は法令には示されていない。制限内容が直接的に数値、用途、材料などの形で示されているのみである。羈束行為ではどのようなケースでも機械的判定が可能であることを前提としているので、制限目的を法令に規定しない形式を採用している。ところが、現実には敷地や建築計画の多様性により、機械的には判定できない事例が後を絶たない。

そして第三の問題は、前述の現行制度が羈束行為であることに直接的に起因する問題である。羈束行為の基準は、裁量の余地を生じさせない数値的・仕様的なものであり、基準の適用段階ではその数値的・仕様的基準への適否だけが問われる。確認現場においては、建築計画が基準を満たしているか否かが唯一の関心事であり、何を実現するための基準であるのかが問われることは、ほとんどない。いわば基準適合が目的化している状況にある。そのことは、結果として「基準に適合していれば後は自由」という機運を建築界に広く醸し出した。本来、建築設計は、敷地が与えられたときには、その敷地が持っている特性・条件を十二分に把握した上で行われるべきものである。とすれば、敷地の周囲に形成されてきている市街地環境に対する配慮は、建築設計の作法としては欠かせない基礎的なものでなければならない。ところが、定められている法令基準をクリアーしていることをもって当然に建築できる（周辺環境に対する法令基準を超えた配慮は必要ない）という考えが、今日むしろ支配的である。

近年、建築確認に関連して近隣住民と紛争や訴訟になっている建築計画のほとんどは、この三つの問題のいずれか、あるいは複数が原因となっている。一戸建住宅地にたまたま発生した大きな敷地を利用した高層マンション計画の出現は、一番目（レディーメイド規制パッケージの制約）と二番目（基準適合の目的化）が原因である。閑静な住宅地における日常生活の撹乱要因となる新種用途（例えば、ウィークリーマンション、スーパー銭湯）の出現などは、二番目（制限目的の不明示）と三番目が原因である。また、急斜面を活用したり、意図的な盛土をしたりして高さ制限などを巧みに免れる建築の出現も、二番目と三番目の反映である。

問題克服の方法

現行制度が抱える三つの問題を最終的に解決するには、後に述べる裁量型制度の採用が最も効果的と考えられるが、その前に、三つの問題を一つずつ取り上げて確認制度の中でどこまで改善可能かを検証する必要があるであろう。

（1）レディーメイドの規制パッケージによる制約

十二種類の用途地域による用途・高さ・密度等の規制は、前述のとおり、あらかじめ国の法令でパッケージ化されており、自治体による一定のアレンジは可能ではあるが、個々の市街地の状況にフィットしない場合が出てくることは避けられない。ただし、現行法においてもこの問題に対処するための仕組みは、多様に用意されている。

まず、用途の制限が適切でない場合に用いられるのが特別用途地区である。例えば、基本的には住宅地でありながら、住宅内に地場産業の小規模な工場を併設する家が多い地区では、通常、用途地域は工場が禁止される第一種住居地域などが定められるが、その地区を特別用途地区に指定することにより特定の業種・業態の工場について禁止を解除することができる。この制度は、用途地域の用途制限を上記のように緩和することができると同時に、強化することもできる。これを自治体内の必要な地区に適宜に適用すれば、用途制限の不適切性は解消できる。ただし、事前の調査や制限内容の検討に相当の行政エネルギーを要する点には注意が必要である。

次に、高さの制限が適切でない場合に用いることができるのが高度地区である。例えば、住環境上あるいは景観上高層建築の出現を抑えたいというような場合、高度地区を都市計画で定めることにより、自治体の判断で地区の特性に応じた適切な高さの制限値を多様に採用することができる。従来は住宅地の日照確保を目的とした北側斜線型の高度地区が支配的であったが、二〇〇〇年前後以降、絶対高さ制限（水平の高さ制限）型のものが大都市を中心に多く採用され、マンション紛争防止に大きな効果を発揮している。

そして、用途地域の制限項目のすべてについて自治体がカスタマイズでき、さらに用途地域の制限項目以外の項目を追加することができる制度が地区計画である。用途地域が鳥の眼で都市の骨格的な土地利用の方向性を定めるのに対して、地区計画は人のアイレベルで近隣生活圏の居住環境を方向づけする。地区計画は、用途地域の大まかな制限内容をそれぞれの近隣生活圏の居住環境の状況に応じてきめ細かく変更することができるツールである。レディーメイドの規制パッケージを用いることによる問題は、この制度により理論上ほぼ完璧に拭い去ることができる。ただし、地区計画の決定には通常大きな行政エネルギーが必要とされる。特に、建築物の用途や高さが混在する既成市街地で十分な内容を持つ地区計画を定めることは大変に困難で、地区計画が既成市街地を覆い尽くすことは至難である。

(2) 制限目的の不明示

建築基準法の単体規定に関しては、一九九八年の大改正によりいわゆる性能規定化が大胆に進められた。この改正以前は、単体規定も集団規定と同様に制限目的なしの数値的・仕様的表現であった。発端は日米構造協議による非関税障壁撤廃の一環として取り組まれた改正であったが、材料や構法の進歩に弾力的に対応するためには必要な改正であり、制限目的が基準中に表現されたという点で大きな前進であったと考えられる。単体規定の性能規定化は、図2—3—1のような北欧諸国やニュージーランドの考え方を参考に進められた。

最上部に制限の最終的な目的(Goal)があり、その目的実現のための機能的要求(Functional Requirements)が示され、その要求を満たすために保有すべき性能(Operative Requirements)が続く。最下部に保有すべき性能を設計内容が満たしている否かを検証する方法

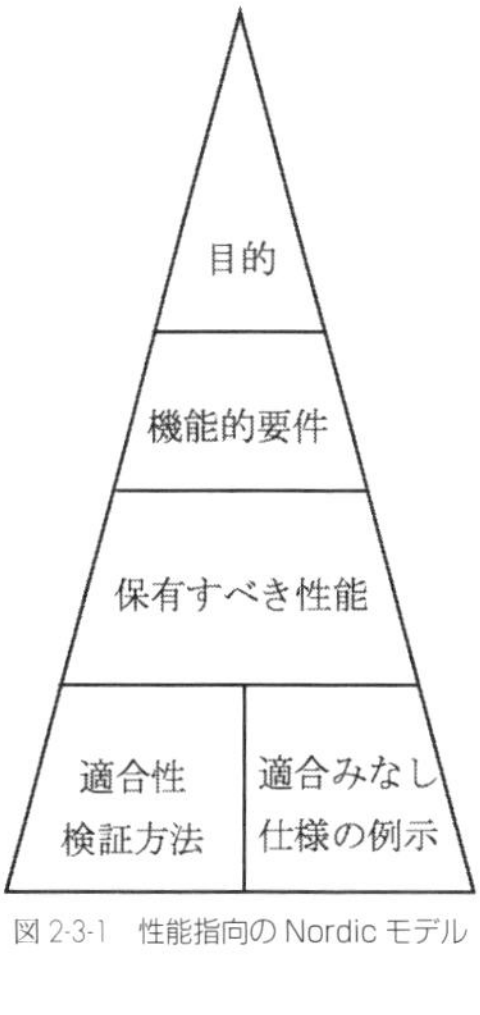

図 2-3-1　性能指向の Nordic モデル

（Verification）と、例示的な適合みなし仕様（Examples of Acceptable Solutions）が置かれる（建築基準法大改正、日経ＢＰ社、一九九七より）。

具体的には、例えば、建築基準法施行令一二九条の二の二に全館避難安全検証の規定があり、同条三項に次のように記述されている。

建築物のいずれの火災室で火災が発生した場合においても、在館者のすべてが当該建築物から地上までの避難を終了するまでの間、当該建築物の各居室及び各居室から地上に通ずる主たる廊下、階段その他の建築物の部分において、避難上支障がある高さまで煙又はガスが降下しないものであること。

これは、図中の三段目「保持すべき性能」に相当する。このレベルの性能規定を集団規定においても定めることができれば、機械的に判定できないケースの判断指針は得られる。しかし、斜線制限の天空率への置換え規定（これは、斜線制限の目的を道路や隣地に対する天空光の確保と解釈した一種の性能規定）が、小規模敷地に超高層建築を可能としたために新たなトラブルを引き起こしていることに見られるように、羈束行為の下で個々の基準を性能規定化することは、建築計画の多様性を促し市街地環境の不安定性を増加させる可能性があり、慎重な検討が必要である。

（３）基準適合の目的化

この問題は羈束行為としての確認制度の宿命ではないかと思われる。裁量性のない数値的・仕様的基準を建築可否の尺度としている以上、行政庁が追加的配慮を要求することはできない。もっとも指導要綱などにより行政指導を行うことは可能であり、現に大都市圏を中心に多くの自治体で周辺市街地への配慮を求める指導要綱が定められ運用されてきた。しかし、それらはあくまでも建築主側の任意的な協力が前提であり、協力が得られなければ実効性のないものである。

一九九四年制定の行政手続法により右のような行政指導の性格がより明確に規定され、指導要綱の実効性が薄れたことから、二〇〇〇年頃以降、建築主に対して周辺地域住民との協議を義務付ける条例が首都圏を中心に相当数の自治体で制定されている。これらの条例の狙いは、確認制度では期待できない周辺市街地への配慮を建築主に要求する点にあり、まさに建築基準法集団規定の欠陥を補う役回りを担っていると見ることができる。

では、この種の条例が必要な自治体に逐次制定されれば、この問題は解決するのであろうか。そう単純には片づかない、というのが筆者の見方である。理由は二つである。この種の条例は建築主と周辺住民との協議を義務づけるが、協議により建築計画を変更することは義務付けていない。そこは建築主の任意協力に委ねられているため、建物ボリュームに影響しない微修正に留まるのが一般的である。変更を義務付けられないのは、協議を経てどのような市街地環境を確保すべきかという点について目安が示されていないからである。そうした目安なしに協議による計画変更を義務付ければ、周辺住民に拒否権を与えることに通じ、その条例は憲法違反ということになるであろう。これが一つめの理由である。

もう一つの理由は、哲学の異なる法令が国と自治体とで併存することは、社会的損失ではないかと思われることである。仮に、協議により確保すべき市街地環境の目安を、指針などとして適切に示すことができ、実効性のある協議システムが自治体条例によって確立したとすると、明示的な法令基準を満たしていれば建築可とする国の法律と周辺住民との協議による計画変更を義務づける自治体条例群とが併存することになる。双方とも市街地内の建築物が周辺におよぼす影響の制御を役割としながら、制御の姿勢・哲学が本質的に異なるものである。このような状況は、国民にとって大変わかりにくく、また両者の齟齬を突いた訴訟の頻発なども懸念され、社会的損失をもたらす可能性が大きいと考えられる。

英国の開発許可制度について

以上から、集団規定が抱える問題を羈束行為である確認制の下で解決することは、ほぼ不可能であると見てよい。とすれば、問題解決のためには、羈束行為に対置される裁量行為を導入すべきであるが、その場合の有力な参照対象は英国の計画許可制度である。同制度については、中井・村木による「英国都市計画とマスタープラン」（学芸出版社、一九九八）においてその運用実態も含め詳細な報告がなされているので、以下同書を参照しつつ本稿の関心事である「裁量判断」に的を絞って同制度の概要を見ておくこととする。

英国では、原則としてすべての開発行為（我が国の「開発行為」、「建築」および「用途変更」を包含し、さらに広い概念）は事前に計画許可を受けなければ、することができない。建築物を新築、増築、用途変更などをする場合も、当然にこの計画許可を受けなければならない。建築行為者が許可を得られるか否かは、市民参加などの手続きを経て、あらかじめ定められているデベロップメントプランに沿った内容であるか否かによって判断される。ただしこれが絶対ではなく、デベロップメントプラン以外の事項も考慮されることがあり、逆にデベロップメントプランに沿わない部分があっても許可される場合があり得るとされているが、この点についてはここでは踏み込まない。

裁量判断に着目した場合、許可の基準ともいうべきデベロップメントプランがどのように表現されており、それが個々の建築行為にどのように適用されているかがポイントとなる。前掲書では、開発密度、形態・デザイン、日照・採光などの項目について、インナーロンドン全一三自治体とアウターロンドン中一〇自治体、計二三自治体のデベロップメントプランの具体的表現を紹介、分析している。それによれば、形態・デザインに関しては、「ほぼすべてのデベロップメントプランにおいて、基準となっているのは、基本的に周辺との調和の一言にまとめられる」という状況である。

いくつかの自治体の具体的表現を見てみよう。シティ：大きさ、スケール、マッス、高さ、特徴、材質が周辺に調和すること／カムデン：大きさ、高さ、壁面位置、敷地間口距離、パラペット、屋根線、ファサード、建築ディテール、材質が周辺に調和すること／ハマースミス：地区の歴史的コンテキスト、ランドマーク、街路パターン、地区にとって重要な場所を尊重していること、ファサードが周辺に調和すること／等々である。参照すべき「周辺」がどのような状態になっているかにもよるが（英国の場合、周辺市街地の構成・構造とその安定度が我が国とは比べものにならないけれども）、思い切った目的指向型の表現である。前出のノルディックモデルでいえば、「機能的要求」レベルでの記述に相当しよう。

日照・採光についても具体的表現を見てみよう。ウエストミンスター：日照、採光を非常に損なう開発とならないこと（ＢＲＥ基準を参照）／カムデン：十分な日照、採光が得られること（ＢＲＥ基準を参照）／などである。ＢＲＥ基準（一九九一年に建築研究所＝Building Research Establishment が作成した基準）はかなり具体的な定量的基準であるが、あくまでも参考とされるに過ぎない。

このような状況を総括して、前掲書では「建物の形態に関しては、日照・採光など限られた部分を除いては、定量的基準をイギリスでは採用していないのである。また、日照・採光などの定量的規定を有するものについても、定性的規定に優越するものではなく、むしろ定性的規定の枠組みがまず最初にあり、その範囲の中で定量的な規定がチェックされるのが一般的であると考えてよい。（中略）このように、建築物の形態とデザインに関しては、一定のチェック項目は列記されているとはいえ、その具体的基準はほとんど審査するプランナーの裁量に委ねる形をとっている。そしてプランナーの裁量審査の基本となっている考え方は周辺との調和、すなわちコンテクスチャリズムであることは疑うまでもない」と述べている。

一方、開発密度（居住室密度、容積率など）については、事業計画に対する影響が特に大きいからか、ほとんどの自治体において定量的数値が示されている。例えば容積率では、最大容積率二〇〇パーセント（ケンジントン）、三地域に分けてそれぞれ最大容積率五〇〇パーセント・三五〇パーセント・二〇〇パーセント（タワーハムレッツ）などとなっている。しかしながらこれらの容積率の数値は、我が国のように当然にその最大値まで使用できる、というものではなく、審査するプランナーによる裁量により最大値を割り込むことが想定されている。ワンズワースのデベロップメントプランでは、「最低容積率六〇パーセント、最高容積率は一〇〇〜二〇〇パーセントの範囲内で個別に決定」と裁量範囲が示されている。

以上のように、英国の計画許可制度は審査主体（自治体）に広範な裁量権を委ねたものとなっているが、英国においてこのような裁量制度が成立している背景について、中井は別の論文（「現代都市計画制度の課題と改正試論」新世代法政策学研究 Vol.16 二〇一二）で次の五点を指摘し、我が国で同趣旨の制度を採用する場合の配慮点としている。

①審査における最終判断の権限は、行政にではなく議会にあり、選挙で選ばれた地域の代表が民主的に決めていること
②不許可となった場合の不服申立てのシステム（計画審査官による審査）がしっかり用意されており、それと訴訟とによって自治体の「暴走」を抑止していること
③注文建築というシステムがほとんどなく、住宅や不動産開発は専門の法人企業が手がけている

ため、計画許可制度は社会的に確立された多様な職能資格制度を背景に運用されていること
④市街地の規範類型が比較的明確であり、都市の中心部、郊外、農村地域のそれぞれに、望ましいとされる土地利用のイメージが市民に共有されたものとして存在していること
⑤一九四七年の制度導入時に開発権を一旦国有化したことにより、仮に計画許可が不許可になったとしても補償の問題は生じないこと

我が国における裁量型制度のイメージ

建築基準法集団規定を本格的に改正して裁量性のある許可制度を採用するとすれば、どのような形が考え得るか。英国と我が国との事情の違い、特に市街地の望ましい方向が市民に共有されている地区は我が国では限られている状況を考慮すると、英国のような広範な裁量制（すべての開発行為を対象とし総合的な裁量権を自治体が持つ制度）を一気に採用することは、困難である。そこで当面、最も必要性が高いと思われる市街地環境の激変に対する裁量的規制を実現するための仕組みを提案することとする。

(1) 単体規定と集団規定の分離

まず、建築基準法の単体規定と集団規定を分離してそれぞれ別法にする。単体規定と集団規定と

は、その性格が本質的に異なる。単体規定の基準内容は、国の社会経済状況を背景としたその時代の安全性などに関する国民の価値観に基づいて決定されるものである。したがって、自治体の政策意思が基準内容に反映される余地は小さく、産業政策面（単体規定の基準は建築材料・建築工法などを担う産業界に大きな影響をおよぼす）を考慮すれば、全国共通に定められ運用されることに社会的なメリットがある。一方集団規定の基準は、それぞれの都市（あるいは地域）の居住者や地権者の地域環境に対する価値観に基づいて決定されるものである。したがって、その基準内容を国が画一的に定めるのは適切ではなく、基本的に自治体の政策判断に委ねるべきものである。

このように性格の異なるものが一つの法律として運用されてきたのは、ひとえに「建築手続の一元化」の要請によるものと思われる。たしかに市街地建築物法以来、戦後の高度成長期頃まで迅速に手続を処理する上でこのシステムは有効に機能してきた。しかし、その後のまちづくりに関する自治体の多様な試みは、様々な指導要綱、まちづくり条例を生み出し、今日「建築手続の一元化」は実態を有していない。むしろ、集団規定と都市計画法の開発許可や自治体まちづくり条例に関する手続きを一元化する方がそれぞれの性格から見て合理的である。

(2) 確認制から認定制へ

次に集団規定の手続を、民間機関による確認制から自治体による認定制に変える。現在、建築確認はその件数の八〜九割が民間確認検査機関で行われているが、機械的判定が困難なケースでは申請者（建築主）にとって都合のよい方向での解釈がなされる傾向があり、集団規定に関してはそれが「現行制度が抱える問題」で述べた近隣紛争の一因ともなっている。申請者からの手数料収入で運営される民間確認検査機関では、条文の文理解釈上可能であれば申請者の利益の側に解釈をシフトさせる傾向は避けがたいと考えられる。単体規定でも同様の傾向が生ずる可能性はあるが、単体規定は本来建築主の財産や責任を保護する役割を持つ（単体規定を守ることは結局建築主の利益になる）ので、建築主とエンドユーザーが異なる分譲マンションなどにおいてエンドユーザーの損失が的確に建築主に還元される仕組みが用意されていれば、民間機関であっても単体規定の解釈を歪める方向に向かうことは避けることができる。しかし、集団規定を守ることは直接的には建築主の利益にはつながらない（逆に、解釈の誤りが指摘されない限り建築主の利益になることが多い）ので、民間機関に委ねることは原理的に問題がある。

そこで、単体規定については基本的に現行の仕組みを踏襲し、集団規定に関する部分は（1）の趣旨からも、その実施主体を自治体とした上で、確認制ではなく認定制とする。認定制とは、現行制度においても建築基準法八六条（一団地認定）や景観法六三条（景観地区内の計画認定）などで採用されており、確認と許可の中間のような性格を持つものとして機能しているものである。確認のように数値的・仕様的基準に照らして機械的に判定するものではなく、さりとて許可のように裁量の大きいものではない。あらかじめ定められた定性的基準を満たすか否かを判断し、満たすと判断した場合には認定しなければならない。その基準以外の要素を加味して追加的要求をしたり不認定にしたりすることは許されない。自治体には要件裁量（計画が認定要件を満たしているか否かの判断に関する裁量）はあるが効果裁量（要件を満たしていても不認定とする裁量）はない。

(3) 二段階の認定基準

自治体が認定する場合の基準は、従来の数値的・仕様的基準である集団規定（その基準内容も国の法律で画一的に定めるのではなく、強化・緩和・横出しを基本的に自由に自治体で行うことができるものとする）を第一段階としてすべての建築物に適用し、第二段階として環境激変に対する配慮方針等を内容とする定性的基準を「特定の建築物」に対して適用する（図2−3−2参照）。「特定の建築物」は、規制の効果や行政コストなどを考慮して各自治体が指定する。例えば、行政区域全域を対象にして一定規模以上の建築物や環境影響の大きい特定用途の建築物を指定する方法、市街地環境に対する配慮が特に必要な地区において「一般戸建住宅を除く建築物」というように指定する方法などが考えられる。

ここで問題は、定性的基準とはどのようなものかという点である。「周辺市街地の環境に調

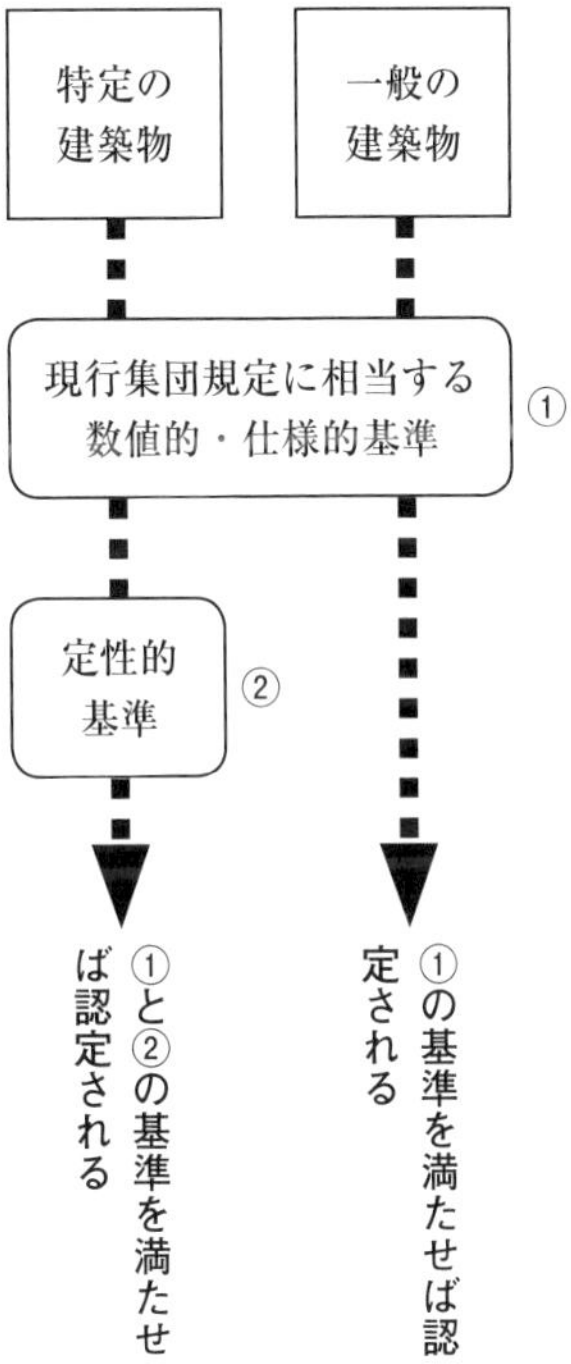

図 2-3-2　二段階の認定基準

和すること」というような包括的・抽象的なもののみでは、建築主に対しても地域住民に対しても事前予測性を持つことができない。その基準に、建築計画に関する基礎情報（敷地の位置・形状、建築物の用途・規模・配置の概要）をあてはめることによって、基準が求める具体的対応策がおおむね想定される程度の具体性が必要であると考えられる。定性的基準が具体的にどのように定められるべきかについては、今後なお研究が必要であるが、有力な参照事例として兵庫県芦屋市の景観地区基準がある。同基準は景観面に限定されているとはいえ、市長の認定基準（認定されなければ建築できないという拘束力のある基準）である点で、本提案に近い仕組みである。

芦屋の認定基準は、「位置・規模」「屋根・壁面」「色彩」「壁面設備・屋上設備」「建築物に付属する設備」および「通り外観」の六項目について全市域共通の表現で定められている。これらのうち例えば、二〇一〇年二月に某不動産会社のマンション計画を不認定とした「位置・規模」の基準は、次のように表現されている。

①芦屋の景観を特徴づける山・海などへの眺めを損ねない配置・規模であること
②現存する景観資源を可能な限り活かした配置・規模及び形態であること
③周辺の景観と調和した建築スケールとし、通りや周辺との連続性を維持し、形成するような配置・規模・及び形態とすること

建築計画の敷地が決まると、右の基準を当該敷地周辺の土地利用や街並みの状況に照らして読み解いたものを「配慮方針」として建築主に示し、建築主はその方針に沿って建築計画の詳細を詰めるという手順になる。基準を読み解き「配慮方針」を作成する部分が審査主体の裁量行為である。この裁量行為に一定の事前予測性があるかどうかが問われるが、芦屋の場合、我が国では例外的に市街地の土地利用や街並みの文脈が読み取りやすく、基準から配慮方針への読み解きに相当程度の客観性があることから、全市域共通の基準でありながら、一定の事前予測性が確保できているように思われる。

(4) 定性的基準の読解き手続き

定性的基準では、芦屋の例に見られるように建築敷地等の基礎情報が明らかになった段階で、その敷地において定性的基準が具体的に何を要求しているかを読み解く作業(裁量行為)が必要になる。この作業にあたっては、審査主体(自治体)、建築主、地域住民といった関係者間で立場の違いが生ずる可能性があり、裁量型の制度が安定的に運用されるためには、読解きの過程においてこれらの関係者の意思が適切に反映・調整される仕組みが肝要である。その仕組みとしては、次のような幾分手厚い手順が必要ではないかと思われる。

① 建築主は認定申請に先立ち、建築敷地などの基礎情報を自治体に届け出る

②届出を受けた自治体はその基礎情報を地域住民に開示する
③しかる後、審査主体としての自治体が敷地周辺情報を踏まえて読解き案の骨子を作成し、建築主と地域住民に提示する
④建築主と地域住民は右骨子に意見がある場合は、申し出る
⑤審査主体は意見の調整を図る必要があると判断した場合は、適宜意見交換会を開催する
⑥その上で審査主体の判断で読解き案を作成し建築主と地域住民に提示する
⑦建築主と地域住民は、右読み解き案に意見があれば、申し出る
⑧審査主体は、右意見に対する取扱いを開示した上で、読解きを決定する
⑨審査主体は、右の一連の手続き中で重要な部分の実施にあたっては、事前に専門家を主体とした諮問機関の意見を聴く

これらの手続きについても、国の法令では標準形を示すにとどめ、具体的には各自治体の状況に応じて条例で定めることとすべきであろう。

以上の四つの措置を講ずることにより、条件の熟した自治体からこの裁量制を順に採用し、次第に市民・行政・専門家が新しい仕組みに習熟していくことが想定される。そうした過程を通じて新制度が安定すれば、「特定の建築物」を順次拡大することにより、裁量制の本格的採用が展望できると考えられる。

3章　建築の安全をどう確保するか

3-1 規制と専門家の関係

はじめに

国家がある社会目標を達成する政策は大別して二種類ある。その目標を実現するよう国民の意思を誘導していく政策と、国民活動に規制をかけ自由を制限することにより目標に到達させる政策である。誘導による政策は「徳治主義」的、規制による政策は「法治主義」的に見えるものであるが、この2種類は背反のものではなく、何段階もの組合わせがあり、公共政策はその組合わせによって私権制限と公共の福祉のバランスを取りつつ進める性格のものである。建築基準法と建築士法の関係ももともとそういうものであった。本節では規制と誘導の組合わせという基本的な構成を保持しつつ、その分界点を移動させることがこれからの時代にそう社会システムとして求められていることを考察する。

法改正の方向として議論されていること

より質の高い建築物・地域環境形成を実現するための仕組みの整備・そのための建築関連法体系の整理再編が建築学会やほかの建築関連団体でも議論されている。議論は以下の三点に整理される。

一点は、建築基準法・建築士法・建設業法を中心とする建築関連法体系全体を、建築規制の意義・目的を明確にしたわかりやすいものに整理再編すべきであり、成熟社会において市民の参加による環境形成を促すためにも、市民の理解がおよぶものとすべきである、という論。そこにおいてこれまでの体系と異なるのは、法による強制力を必要とする範囲と、それを上回る安全性や質を確保するための手段を講じる範囲を端的に示し、関係者の役割と責任分担を定めて、建築物と地域環境のあるべき方向へと誘導していく体系に整備することである。規制と誘導の適切な組合わせ、という考え方である。

二点めは、一点めでいう「強制と誘導の組み合わせ」を実態の建築生産につなぐシステムの提案である。建築物のナショナルミニマム（最低水準）として定められた質と安全性などを担保するための建築確認・検査のシステムを確実なものとした上で、より高い水準の質と安全性などを実現するための仕組みを構築する。専門家のピアレビューなどを活用した裁量性をともなう判断や、市民・有識者らを交えた協議調整型の審査等を導入する。これは、集団規定、単体規定の両方に対して提起されている議論であるが、目的はそれぞれ異なる。集団規定では事前明示された基準にしたがうだけで裁量の余地のない現行制度では個別の環境における調整が原則不可能であるから、協議調整がともなうという原則に転換すべきであるという考え方である。単体規定においては、より質の高い建築物をめざそうとしても、建築物の構成要素によっては工学的な根拠が薄弱な仕様規定にしたがう以外にないという状況を改め、専門家あるいは専門家の助言の下に建築主が一定程度の選択をできるようにすべきである、というものである。旧三八条のような想定外の新技術の出現を見込んだルートを再設定すべきであるという議論もこの範疇に入る。

三点めは専門家そのものに関する論である。一般的な設計者のための定型的な仕様規定による設計ルートのほかに、法による制限を最小化した上で「一定の技量を有すると認められた設計者」に対して高度な裁量権を認めた上での性能設計によるルートの二通りを整備し、建築物への多様な要求や新技術の導入に対応できるよう審査体系を変更する、というものである。これについては構造あるいは防災など、特定の分野における技量差を考えた主張であるとしたらその根拠は理解しやすいが、これをどの分野にまで拡張可能かは議論が必要である。また現行の有資格者間に技量差が存在することを前提として議論を切り開いていかなければならない。これは抵抗の大きい論議を呼び起こすであろうが、いつまでも目をつぶってはいられないものでもあるのではないか。

法による安全確保と専門家の責任

最初に、そもそも現在、我が国の建築政策における「建築の安全確保」のための政策がどのような前提に立っているかをおさらいしてみたい。中心となる二つの法、すなわち物の性能を規制する「建築基準法」と、建築の設計監理をする専門資格者を規定する「建築士法」の目的にはどのように書いてあるだろうか。

建築基準法

（目的）第一条　この法律は、建築物の敷地、構造、設備及び用途に関する最低の基準を定めて、国民の生命、健康及び財産の保護を図り、もつて公共の福祉の増進に資することを目的とする。

建築士法

（目的）第一条　この法律は、建築物の設計、工事監理等を行う技術者の資格を定めて、その業務の適正をはかり、もつて建築物の質の向上に寄与させることを目的とする。

建築物の最低基準は建築基準法に定め、それ以上の質の向上は専門家にさせる、これが基本思想であるという点を確認しておきたい。であるとすると、前項で述べた提案は、基本的な方向としては現行法の思想に合致しているといえるのではないか。であれば、根本的な思想の変更をともなう法改正、法の再編成は必要ないともいえる。一部の制度的細部における執行方法を変更すればよい。しかし、六〇年にわたって建築生産の基本的枠組みをなしてきた両法の骨格はそのままに、執行手段をだけ改定するのは容易ではない。基本的な理念を別に定めて、それに基づいて変更するという、だれにもわかりやすい方針を立てて臨んだほうがスムーズだろう。

次にこうした方向に法を改定するのであれば、それが必然であると主張するための立法事実を提示しなければならない。立法事実としてはその改正を可能とする社会基盤が存在することを示すこと、それを行うことによって現状で得られている国民の法益を損なわないこと、加えてどのような形で国民の福利が増大するか、の三点を論証しなければならない。この論証は細部にわたるので他稿に譲るとして、ここではなぜ法改正に必然性があるのかについて論考したい。

基準規制の存在は、一見国民の福利を直接保護することになると見える。たしかに、厳格で明示的な安全基準を作りそれらを厳格にあてはめることによってしか守れないものはある。危険物の取扱い要領などが典型的である。また、食品安全のための含有物質の規制もそれに類似したものである。こうような場合、その規制を定めた法と専門家の関係は、規制内容が遵守されているかどうかのチェックをすることと、規制の内側ですべての関係事項が行われるように「執行」することのみを規制が専門家に委任することとなる。もしもここで問題が発生しても、あるいは規制が不十分であることがわかっても、未知あるいは想定外のことであるのならば、規制を執行するだけの担当者である「専門家」は責任を問われることはない。責任があるのは法とその規制内容を策定した主体だからである。厳格な規制は国民の福利よりもむしろ、専門家の地位を守ることにつながってしまうのである。

このような場合、専門家が規制の遵守に関する執行責任だけであって、判断解釈についての責任を問われないのであれば、判断解釈はしなくなる。もし専門的知識をもって問題の所在を察知した場合であっても、責任を問われないのであれば「出過ぎたことはしない」という態度に収斂していってても不思議ではない。それが専門家にとってコストとリスクを最小化するからである。このようなことは、建築の設計界において現実に起きていることではないだろうか。例えば形態制限はあっても質的基準を作り得ないがために事実上制約の存在しない「景観」に関する分野。逆に、厳格に規制基準を定めたがために裁量余地がなくなり、基準を適用することだけが設計となっている一部の構造設計の分野。現実の問題解決に対して最適ではないものであったとしても、基準規制を遵守している限りにおいては、専門家責任を問われないならば、特別なことは何もしないことが最適な行動ということになるからだ。

建築の専門家の技量を、建築物の質の向上に結びつけるためには、彼らに規制基準の遵守方法とその適用技術にのみ技量を発揮させている現状を改めなければならない。建築士法本来の思想が示すように建築物の質の向上のための問題解決に主観的で創造的な判断を行なわせなければならない。これが現行法の基本思想を実現するために法の細部によってもたらされている矛盾を消去するような法改正が必要となる理由である。建築の専門家を、建築の質に責任を持つ専門家として育成していく必要があるのである。また社会的要請に対応して「建築ストック活用」を推進していくのであれば、ストックに固有の特性に適合した個別裁量的な判断が必要になるから、安全などの基準に対する硬直的な執行責任を超えた技術的判断の責任を負いうる専門家を育成する必要もある。そのためには法体系の基本思想として、「ボーダーライン」そのものを厳密に定めてその上下いずれかであるかを精密観測するような執行方法を改め、「ボーダーゾーン」を定めてそのゾーンの内側のいずれかであれば設計者の専門家責任によって選択可能なものとしてはどうか。主体的判断を伴う設計を行う設計者が増え、様々な選択がなされる中からより適切なものの方向が見えてくるであろう。また、個別性の高いストック建築物を取り扱う際には、ボーダーライン型の規制では適切な対応ができず、ボーダーゾーン型になっていかざるを得ないのではないか。これらの専門家を持つことは、社会全体としての効率と効用、福利の増大に資することとなる。

もう一点、法改正に加えたいのは建築士法第一条に「地域環境」という語を挿入することである。

（目的）第一条　この法律は、建築物の設計、工事監理等を行う技術者の資格を定めて、その業務の適正をはかり、もつて建築物と地域環境の質の向上に寄与させることを目的とする。

建築基準法で集団規定を扱う以上、その業務独占者であり執行者である建築士には、今日的な公益の所在分野である地域環境形成において相応の責務を果たさせることが必要であり、この文面のような法改正がその論拠となるであろう。

誘導と強制の組み合わせ

二つ目の論点である、強制的規制と誘導型規制の組合わせによる政策遂行の事例を挙げてみる。近年行動経済学の議論の中で注目されている英国の公衆衛生政策におけるもので、公的介入と強制の度合いの程度を段階区分した「公衆衛生的介入の階梯」という。誘導と強制を適切に組み合わせることにより、個人の自由の制限を最小限にした上で、より効果的な公衆衛生活動を遂行するためのものである。建築士法による人の規制と、建築基準法によるものの規制の関係、規制と誘導の関係と組合わせを考える上で参考になるのではないか（一部建築関係の連想をしやすいよう改変を加えてある）。

「公衆衛生的介入の階梯」The National Council Public Health : Ethical Issues, 2007

⓪何もしない：または現状のモニタリング
①情報の提供：市民に情報提供し、教育する。例えば、人々がよく歩いたりフルーツや野菜を一日五種類食べることを推奨するキャンペーンの一部として
②選択肢の提供：行動の変容が可能になるよう、個人をエンパワーする。例えば禁煙プログラムへの参加を提示したり、自転車レーンを作ったり、学校で無料でフルーツを提供するなど

③標準の方針を変えることによる選択の誘導：例えば飲食店でフライドポテトを標準的なサイドメニューにしてより健康的なサイドメニューをオプションにする代わりに、より健康的なサイドメニューを標準にしてフライドポテトをオプションにするなど（穏やかな介入主義の典型→建築界では住宅性能評価の基準を示すことにより、最低基準と標準的な性能仕様は異なるということを示す、など一定の効果がある）

④誘引を用いた選択の誘導：人々の選択を誘導するために金銭そのほかの誘引を用いること。例えば自転車を通勤手段として使うよう税額控除を行うことなど（インセンティブの付与→住宅エコポイント制度、容積率算定からの除外など）

⑤阻害要因を用いた選択の誘導：人々が特定の活動を行わないよう金銭その他の阻害要因を用いること。例えば、タバコ税や渋滞税や駐車場の制限による市内での自動車の使用の制限など（制限による誘導→手続きが煩瑣であるなどの非価格的要素を交えることで選択を誘導することもこの範囲の規制である）

⑥選択の制限：人々を守るために、彼らが選べる選択肢に制限を加える。例えば、食べ物から不健康な成分を除外したり、食料品店や飲食店で不健康な食品を売らないようにすることなど（選択肢のネガティブリスト化→一定の除外規定にかからないものであればほかは選択に任せられる）

⑦選択の規制：人々を守るために、彼らが限定された選択肢から選ぶだけにする。例えば添加

物として許されるものを限定された数種類からだけ選択可能に制限するなど（選択肢のポジティブリスト化→限定された選択肢の中からの選択のみ許される）

⑧選択の排除：完全に選択を排除する形で規制する。例えば感染症の患者を完全に隔離するなど（禁止規定→法に定められて物しか使えない、という強制規制）

それぞれの段階ごとに現行の建築制度の事例をあてはめ、整理をして論じてみたいところだが、紙幅の都合上今回は触れない。この例をたたき台に現行制度の改善策を検討することは建設的な議論につながるのではないかと考える。

裁量と協議調整による社会システムを実現するために専門家に要求されること

三点めは専門家のあり方に関する議論である。この議論のポイントになるのは、「専門家に裁量権を持たせてよいかどうか」を社会の側がどう判断するか、である。裁量は権限がないと行えないが、権限は信頼のないものには渡せない。そして信頼とは責任と不離一体である。裁量と権限、信頼と責任の間には、これらを四つの象限として循環するサイクルが成立している（図3-1-1）。

裁量を行うためには権限が必要…権限は社会システムとの整合、合理性、論理性が必要

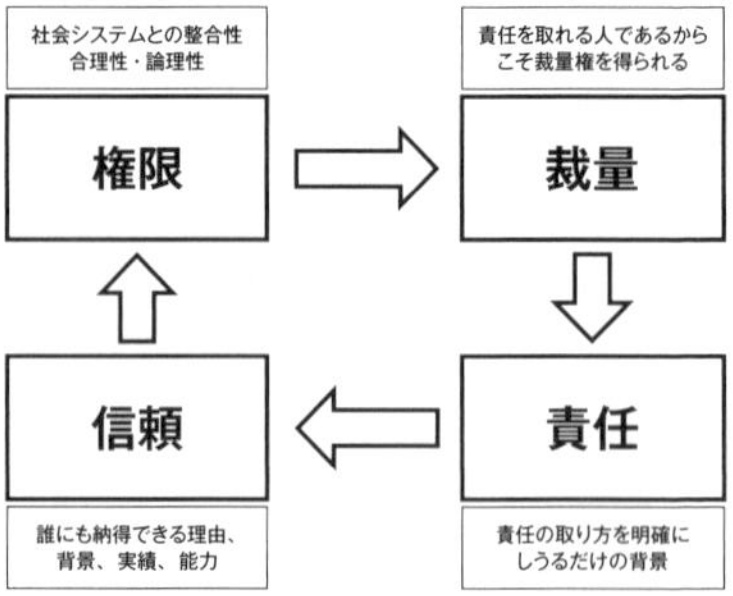

図 3-1-1　権限と責任のスパイラル

権限を得るためには信頼が必要…信頼は誰にでも納得できる理由と背景、実績と能力が必要

　信頼を得るためには責任が伴う…責任とはそれを果たすことができる意識と実態があること

　責任を取れるから裁量を委任される…責任を取れないまたは取らない人に、裁量を委任することはできない

　責任を取るとは、権限の実行に伴って発生するリスクを自らが引き受けることである。現行の建築確認制度のように設計という権限を実行した結果に対する責任が、法を定めた国の側になるのであるとしたら、設計者は結果に責任を持つ判断をしたとはいえないから、責任を持つ主体を育成するような社会制度ではない。責任を取るとは、信頼や権限とともに、地位や報酬をも失う可能性を認識し、社会にリスクを転嫁しない覚悟を持っていること、それを実行することが可能なだけの背景を持っていることが必要である。この責任を伴う判断をするリスクをとることによって、四象限のスパイラルを上がっていくことで作り上げられた信頼に基づいてのみ、裁量を伴う権限を与えられうると考えるべきである。

　くり返すが専門家を信頼するための必要条件とは「公的資格があること」ではなく、責任を持ってその職務を遂行していることが「実証」されているかどうかである。資格は信頼を実証するための与件の一つに過ぎない。専門家の側は社会に対して、自らが信頼を得るに値する者たちであることを立証する機会を与えてもらいたい、というべきである。前出の四象限を循環する実証過程の代わりに、屋上屋のような新資格の創設を求めたり、内輪の相互評価を信頼の証と読みかえるべし、というような主張をしていては社会からの信頼を失う。また過去の制度内で行ってきた諸判断の結果をもって信頼の証と認めるべしと主張すべきではない。これまでの判断はみな、執行責任のみを問われる局面での行為であって、存在意義をかけての判断をしていたと認められるような建築専門家の実績の蓄積を社会はまだ認知していないからである。

「一定の技量を持つもの」とはどういう専門家であるか

三点めの主張に含まれる制度提案として「一定の技量を持つ専門家に高度な裁量権を与える」ことを可とするための必要条件を考える。まず、少なくとも建築の専門家として委任を受ける上で要求される「高度な注意義務」を常に果たし得るという実務上の基盤が必要である。また、建築士は業務独占である。「業務独占」は医師や建築士など人命に直接かかわる技術資格に対して国家が与えているものであるが、建築士の場合には依頼者のみならず第三者の安全確保に対する公益的責務があると認識されているがゆえに設計監理が業務独占とされているのである。業務独占資格とは単に技術水準を認証されたということではなく、それにともなう「公益に対する忠実義務」を課していると考えなければならない。すなわち公益と私益の背反する局面においては当然に公益を優先するという義務であり、それを果たし得るだけの背景を持たなければならない。いずれにせよここまでは既往の専門家としての必要条件であり、更に「一定の技量を持つ」と認定されるためには別の条件があるはずだ。まず専門家としての高度な技術的知見は当然である。ある程度の実績も問われる。しかしそれだけでは、その道で長く技術を培っていればよいのかということになるがそうではない。さらにその上で、依頼者とのあいだにはその専門家を全面的に信頼して判断を託すという関係、すなわち「信認関係」を結び得るものでなければならないだろう。

「高度な注意義務」と「公益に対する忠実義務」については、建築専門家に対する法律家からの助言に詳しいのでここではこれ以上取り上げない。(注1)「信認関係」については、近年法律家などを中心に生じている示唆的な議論があるので紹介しておきたい。それはある分野の専門家であるからこそ可能な高度な判断に対して、社会が与える「信じて託すことを認めあう関係」というものであり、この信認関係こそが社会の安定と信頼を築く基盤であるという論理である。(注2)西欧特に英米法の国に見られる、専門家と非専門家の間の「信認関係」(フィディシャリー・リレーション)といわれる関係であるという。成熟社会は必然的に専門分化した社会になるから、こうした社会にあっては人は互いに何かしらの分野の専門家となる。そうした中で社会生活を送る人間は、別の分野の専門家である相手を信頼して諸決定を委任しあう関係になり、それによって社会全体の意思決定の効率と合理性を高めることができるようになる、というものである。

専門家はその分野において高度な知識と情報を持つ者であり、それゆえに全面的な信頼を得ると同時にそれに均衡する責任を有し、委託者に対して受託者としての義務を負う。その責任と義務とは、具体的にはその職業としてなすべきことを熟知し、常に依頼者の利益を優先し、仕事のプロセスを明確に説明し、最終的な決断のための判断材料を提供するというものである。これは「受託者責任（フィディシャリー・デューティ）」といわれるもので、この受託者責任に基づく信認関係が社会の基底に存在することによって、契約書面に記載しきれない部分を含めて社会活動を円滑に動かすことができているともいえるのである。近代化の進んだ社会で「専門家」が高い地位を得ているのは、この受託者責任を厳しく認識するがゆえに社会的信認を得られているからにほかならない。

我が国の建築の専門家は、信認を得る努力をしているだろうか。高度な裁量権を付託される専門家は単に技能水準の証明としての資格を獲得しただけでは不足である。専門家同士での技術論を調整する能力があるということだけでは、「専門家不信」の渦巻く昨今の社会情勢を乗り越えることは難しいからである。技能・技術・知見に加え、そこに根ざした幅広い教養と健全な世界観が要求されることとなろう。またその背後にはその分野に期待される高度の倫理観を共有していることも当然視される。加えて受託者責任の認識を証明する手段はこれからの課題でもある。建築の専門家としての受託者責任は、契約者とは無関係の第三者の生命にまで直接の影響をおよぼす判断まで託されるものであるから、個人の健康や財産に関する受託とは社会的影響の範囲が異なる。最大限に見れば一人の専門家に社会生活の安全と地域環境の未来を託すというものであるから、それを受託する専門家は、直接の委託者だけでなく社会全体への説明責任を有すると考えるべきである。このような信認関係までを持ちうる専門家の育成は、建築界に限らず様々な分野に求められるもので、建築界においてはかつて建築士法が想定した世界を超える基本理念を共有した上で、関係者が共同して取り組むべき課題である。

（注１）大森文彦『新・建築家の法律学入門』大成出版社（大成ブックス）、二〇一二

（注２）樋口範雄　契約社会の誤解　日本経済新聞、二〇一二年五月二六日

3-2 安全性の程度と責任

安全性と法

自然が豊かであると同時に、地震や台風などの災害が多発し、自然環境が過酷である我が国において、建物がその使用者や関係者の生命を守る役割は特に重要である。地震のように稀に発生する自然災害は、その規模を完全に予測できるものではなく、現在の科学技術の水準では予測精度も実用上十分に高いとは言えない。このような状況では、建物にかかわる絶対的な安全は存在せず、その安全性の程度は立地や建物の状態に応じて、変わり得るものであり、安全と不安全との境界に一線が存在するわけではない。一方で、建築基準法をはじめとする法規は、建物が保有すべき安全性の最低限を規定している。私的財産でもある建物の安全性について、法律という強制力を伴う規制をかける理由は、その社会性にある。つまり、建物は建築主だけが利用するとは限らない上、程度の差はあるものの周辺環境に影響をおよぼすことから、集団生活を営む上での規制が必要になる。

建築基準法が制定された一九五〇年は、終戦後の物不足の時代であり、建物が備えるべき最低限の性能を義務づける形で法律が制定された。ここで規定された安全性は、経済性も考慮した上の社会的な合意である。そして、建築基準法制定から六〇年が過ぎ、社会の成熟度は著しく高まっており、建物に要求される最低限の耐震性能の認識も変化してきている。物不足の時代に、ごく稀に発生する自然災害に対して高い安全性を望むことは物理的にも困難であり、その時代の経済性を考慮した上での必要安全性が、現代のそれとは異なるのはごく自然である。過去においては、とりわけ一九九五年の阪神・淡路大震災以前は、基準法を満足することで十分な耐震性能を確保すると認識されていた傾向も否定できないが、現在では、大地震時の建物の倒壊防止だけでなく、機能保持が要求される場合も多くなっている。つまり、法が規定する安全性能と社会が求める性能との間にズレが生じてきた。このようなズレを解消するように法律を改正すべきという議論とは別に、法律が規定する安全性の程度が時代とともに社会の要請からずれてきているということについては認識を共有する必要がある。そうすると、建築基準法が規定する安全性の意味づけと、安全性の程度は連続的に変化し一価ではないことを考えても、法が定める性能を確保することで、建物が絶対安全であるとはいい切れないことが理解できる。建物の安全性能は、ばらつきの幅をもってしか評価できないことを後述するが、その点からも絶対の安全は存在し得ない。一方で、法適合により安全性が保証されたかのような誤認識が現在でも散見される。この理由として、目に見えずにわかりにくい安全性能に対して「法適合＝絶対の安全」との単純明快な図式が、社会的に受け入れやすいことや、専門家の説明が「法を満足するので大丈夫」という形に留まり、安全性能の不確定性や危険性についての話にまで展開できていなかったことなどが挙げられる。更に、時代とともに社会の成熟度が変化してきていることに対して、社会が求める安全性の程度と法の関係を再認識する必要がある。

安全性を考えることは、危険性を考えることでもあるが、危険性についての議論のあり方については、今後、専門家を含めた社会全体で考えていく必要がある。二〇一一年三月の東日本大震災の際の福島原子力発電所の事故においても、事故後に「絶対大丈夫といったじゃないか」と詰め寄る近隣住民に対して、電力会社の担当者は「想定外」と返事をするのが精一杯で、それ以上の言葉を持たなかった。たしかに、建設時に「絶対大丈夫」と説明した側の責任は重いが、「絶対大丈夫」という説明をある意味で要求し、危険性についての議論の余地を与えなかった社会のあり方が、逆に危険を招いた、あるいは事故の規模を拡大したと考えることもできる。つまり、万一の事態に対する思考が停止した状態で、1か0かの視点で安全かそうでないかを議論することは無意味であり、予測できないことを含めて危険性は存在すると認識する必要がある。世の中に絶対の安全など存在するはずはなく、何事にも程度の異なる危険性がともなう。本節では、建物の安全性能について考えるが、その上で、建物の安全性能には程度があり、法が規定するのは、最低限の安全性であることを共通の認識として話を進める。つまり、法を満足することによる安全性は限定的であり、法を満足しても大災害時に建物が損傷を受ける可能性がある。そして、損傷を受けたからといって、それを国が補償するわけでもない。東日本大震災で津波の影響を事前に精度よく予測しておくことは事実上不可能であったし、そもそも津波は、土砂崩れや竜巻などと同様に、一般の建物の設計用の外力として現行の建築基準法では想定されていない。したがって、仮に津波を予期したとしても、それに対処した設計をすることは、法的には義務づけられていない。

安全の問題を考えるとき、成熟社会では、すべてを国に任せるという発想が社会の総意であってはならない。警察や消防など、防犯防災機能としての公共機関は必要であるものの、主体的な個人とその集合としての社会の努力によって、安全性の向上は図られるべきである。

社会と建築主と専門家が果たすべき役割

安全性のすべてが国によって保証されるものではないとの認識を共有した上で、適切な安全性能を有する建築ストックを整備するための社会システムを考える。そのようなシステムにおける国の果たすべき役割は相対的に小さく、保険などのバックアップ機構を前提とした自己責任の考え方が主流になるべきである。つまり、安全性を高めるための努力は、社会全体が担うべき責務であり、それを国に任せるという考え方は今日の成熟社会では主流たりえない。大災害時の国による救済措置は必要であるものの、災害などによる万一の被害に対するバックアップ機構は、建物の安全性能に応じて料率が変動するような保険制度の中で完結するシステムが原則となるべきである。その意味で、建築主の果たす社会的な役割は大きい。建築主という言葉の定義については、1章で整理したが、改めて確認しておく。建築基準法では、建築に関する請負行為の注文者を建築主といい、建築主、所有者および管理者を「建築主等」としている。法律的な表現を避けることを目的として、ここでは、建築主、所有者および管理者の総称として「建築主」という言葉を用いることにする。このとき、建築主は建物に対して社会的な責任を負っている。つまり、建物は街並みの一角を占有し、社会との関係を避けることができないことから、建築主はその社会性に対して程度の差はあるものの社会的な責任を担う。したがって、建物は建築主の所有物として、勝手にしてよいということにはならない。それは、建設時に地域によって規模や用途の法的な制約があることを考えれば明らかであるが、法的な制約をともなわない場合でも、近隣や利用者への影響を考慮する必要がある。このように、所有者が、購入物に対して、社会に対する責任を有するという意味で、建築主は一般の工業製品の消費者とは異なる。法は安全性能の最低基準を定めるが、近隣や利用者への影響や、その他の固有な条件を考慮した上で、建物の目標安全性能を定めるのは建築主の責務である。このような認識を専門家と社会との間で共有する必要がある。

一方で、建築主が目標安全性能を設定することができるように、専門家は十分な情報を提供する責務を負う。これが説明責任である。その際に、建物の性能はばらつきの幅をもってしか評価できていないことも説明できるとよい。性能や災害の規模などにおける不確定性が排除できない状況では、その危険性の評価は確率的になされるのが合理的である。そして、建物の存在する地域性も考慮して、危険性とコストとの関係も明示できれば理想的である。交通事故の発生確率などと比較しながら、建物の災害に対する危険性が議論できれば、建築主が建物の安全性能を決定する上でも役立つと考えられる。ただ、残念ながら、そのような確率的な危険性の評価手法は実務的には十分に整備されていない。これはつまり、建築基準法が規定する安全性および危険性の程度が、厳密には確率的に示されていないことを意味する。地震に対しては、活断層の位置や活動頻度の分析などが建物の危険性に大きく影響するが、そのような建物の立地条件を反映させて、安全性の程度が日本各地で等しくなるように法が整備されているとはいえない。確率的な性能評価手法が技術的に確立できていない現状では、客観的な危険性の把握は難しく、法の定める安全性能に対する相対的な評価がよく行われる。例えば、住宅の耐震性能の評価指標としては、住宅品質確保促進法による耐震等級という概念があり、住宅を新築する際や建売住宅を購入する際の目安として、建築主は等級を選定することで、建物の安全性能を決定していることになる。また、公共性の高い建物や災害時に機能することが期待される建物では、設計の際に重要度係数という概念が導入され、建築基準法が定める必要最低限の耐震性能に対して何倍かの性能を有するような方針としている。このような係数についても一種の安全性能評価指標といえるが、今後は、既存と新築に共通した建物の種類に関係のない、よりわかりやすい性能評価指標を整備することで、専門家と社会との対話をより円滑に進めることを考えて行く必要がある。それが、確率的かつ客観的な評価であれば合理的であるが、基準法の安全性に対する相対的な評価でも、過去の地震被害などを参考に一定の性能把握指標になると考えられる。指標がどうあるべきかについては、専門家の議論が待たれるが、いずれにしても建築主が目標性能を設定できるような情報を専門家は提供し、それによって建築主が災害時の危険性に対する責任が持てるようにすることが専門家の果たすべき責務である。建築主は、性能の設定に主体性を持つことによって、災害の結果を自己責任として受け入れることができる。

建築主の果たすべき役割を整理した上で、建物に問題が発生したときの賠償責任のあり方について考えてみる。建物の生産体制は多様であり、問題の原因にもよることから、責任のあり方を一概に語ることはできないが、先にも述べたように、保険などのバックアップ機構を前提として、民間を主体とした仕組みを原則とすることになる。ただし、保険は偶発的な事故による損害に対する事後の金銭的補填である。過失傷害などの刑事領域は別途考える必要があり、また、二〇〇五年の耐震強度偽装事件で発覚したような恣意的な設計不備などに対しては、保険金は通常給付されないことから、消費者保護を踏まえた制度設計が必要である。

建物の安全性能そのものや評価値には様々な不確定性が存在し、その意味からも、目標性能と実際の保有性能に関して対応を確認する厳密な方法は存在しない。また、地震規模と設計目標の大小関係の判定や設計と施工の過失原因の特定は難しい場合も多い。建物に問題が発生した場合の賠償責任について、実際は個別に対応することになると考えられるが、ここでは、問題の原因がある程度特定できたものと仮定して、その責任所在のあり方について考えてみる。

大地震時に建物が損傷したとして、地震の大きさが事前に専門家から説明を受けて設定した目標を上回るようであれば、それは不可抗力であり、だれの責任ともいえず、結果として、補修費用は建築主が負担することになる。地震の規模が設計目標以下であった場合は、設計あるいは施工に問題があったということになるので、その原因に応じて設計者あるいは施工者が責任を負う。中でも、設計の内容に過失があったことが明確な場合、その責任は設計者とその設計の内容を確認した審査機関が担うことになる。その責任の割合については、個々の事例ごとに吟味されることになるが、設計の実施形態にも依存すると思われる。法によって詳細に規定された設計手法とは別に、設計者に裁量を与えて自由度を高めた設計手法の必要性を後述するが、裁量を与えられた設計における過失は、設計者の責任の割合が相対的に高くなるとするのが妥当である。責任の多くを担うということは、賠償義務をともない悪い意味で捉えられがちであるが、責任と権限が表裏一体であることを考えれば、自由度を高めた設計とは、それだけ設計者に権限が与えられるということでもあるので、責任をともなっていなければならないのは自然である。

多様な建築生産体制の中で、開発事業者が（集合）住宅を分譲販売する場合は、特に注意が必要である。この場合の開発事業者と購入者との関係としては、工業製品における製造者責任の考え方に倣って、事業者が購入者に対して一定の責任を負うことを明示することも考えられる。いずれにしても、建物の建設費用や補修費用は大きいので、保険などのバックアップ機構との連携が不可欠である。

建築の安全性の評価と不確定性

建物の安全性能の評価における不確定性を説明する目的で、建物の安全性能、建物設計時の構造性能評価の流れを紹介したい。建物は、小規模で特に計算を必要としないものから、コンピュータを用いて地震時のシミュレーションを行うものまで多様である。構造解析とは、主としてコンピュータを用いた比較的高度な構造計算をさす言葉だが、この構造解析では、与える数値条件（インプット）が同じであれば一つの解析プログラムが異なる回答（アウトプット）を出すことはない。その一方で、構造設計における建物の性能評価では、与条件の吟味と手法の選定に工学的な判断が必要であり、それらの妥当性の検討が性能評価における本質的な作業となる。建物を解析するためには、何らかの前提条件を用いて建物そのものを簡略化する必要があり、これを「モデル化」と呼ぶ。例えば、鉄筋コンクリート構造物中の柱や梁などの部材は、解析モデルでは鉄筋とコンクリートが一体になった棒状の要素として扱うのが一般的である。これに対し、これらの部材を構成するすべての鉄筋および砕石骨材をそれぞれ独立した三次元の固体として解析モデルに組み込むということは、解析技術および作業負荷の点から現実的ではなく、将来的にもそこまで精緻な解析モデルが必要であるかとの議論とは別に、現在の科学技術では簡略化によるモデル化は構造解析上不可避である。簡略化するということは、実用上問題にならないと考えられることを捨象することを意味し、そこには程度の差はあるものの必然的に工学的な判断をともなう。つまり、論理的および経験的に合理性が認識され広く運用されている部材や建物全体のモデル化から、建物固有の条件により妥当性が一義的に結論づけられないモデル化まで幅広く存在する。

どのような前提条件を採用して、どのように簡略化するかという観点から一つの建物でも専門家の判断により様々なモデル化が考えられ、モデル化の方法で建物の性能評価値は異なってくる。評価値の違いは専門家同士の協議の場があれば、一定値に収斂すると考えられるが、一般的には、個々の建物に対してそこまでの作業をして一定値を究明することはしていない。それは、建物の規模や用途による重要性によって実施是非が問われるものであり、設計者にある程度判断が任される状況では、一〇～二〇パーセントの差は常に生じうると考えられる。また、設計時の建物の性能評価には、比較的簡便なものから精緻であるが複雑なものまでいくつかの方法が存在する。これにより、小規模な建物などで、計画的に決定される建物の形状から、必然的に構造性能に余裕がある場合と、大規模な建物などで、より詳細な評価を必要とする場合の扱いを区別している。精緻な方法の運用にはその細部を理解する必要があり、より高度な知識が必要になることから、設計者の技量に応じて利用できる評価法が異なることになる。このように異なる評価方法を同じ建物に対して適用すると、精緻な方法による評価値の方が簡略方法による値よりも高くなる傾向がある。これは、簡略法では、大胆なモデル化で計算を簡単にする代わりに、建物の性能を控えめに評価するためである。このように、評価法の違いによっても、建物の性能評価値には、ばらつきが生じる。

建物の（耐震）安全性能には、このような評価方法による不確定性（ばらつき）のほか、コンクリートや木などのばらつきの大きい材料を組み合わせて用いていることによるばらつきも存在する。また、地盤や地震入力などの未解明なことによる不確定性も存在する。これらの累積としての、建物の安全評価値のばらつきは非常に大きくなる。つまり、建物の構造性能は、ばらつきの幅の考慮なしには評価できていないのが実情である。

これに対して、建物に一定の安全性を確保するための基本的な考え方は、安全率を高めに見込んでおくことと損傷が急激に進行しないようにしておくことである。前者については文字通りで説明不要であろうから、後者について説明する。巨大地震時に建物への損傷が急激に進行すると居住者あるいは利用者が避難する時間がなく危害の恐れがある。部分的に損傷が発生しても、それが全体的あるいは部分的な建物の倒壊に直結しなければ、損傷した部位は地震のエネルギーを吸収し、人命は守られる。このように建物に冗長性を与える設計の考え方は、火災に対する防災計画・避難設計でも採用されており、建物の安全性を確保する上での基本的な考え方である。つまり、建物の安全性能は必ずしも定量的に正確に評価されていなくても、建物は、過去の経験に基づいた危険性予測からその危険性を回避する形で設計されている。耐震設計の分野では、過去の地震災害からの知見により、建物に生じうる被害はおおむね予測できているといえる。例えば、一九九五年の阪神・淡路大震災で、一階の接道面に大きな開口を有するピロティ型の建物で、地震時に平面的なねじり変形が生じ、大きな被害が発生することが確認された。このような形状の建物に対して構造設計上の対処の必要性と処方は専門家の間では周知されており、これにより、震災以後に新築された建物では、地震による同様の被害が大きく減少している。不確定性の存在を理解しつつ、経験に基づく被害予測と対応策の成熟が今日の建物の安全性確保に大きな役割を果たしているといえる。

3-3 多様な建築の実現

現行法規の特徴と限界

建築基準法は一九五〇年に制定されてから、随時細則が付加される形で施行令および告示などの細かな技術基準が規定され、膨大で複雑な体系になっている。建築構造に関しては、部材の大きさや構成に始まり、荷重や外力の大きさおよび解析のモデル化の一般的な原則、計算の方法まで法規の内容は多岐にわたる。このように複雑な法律は、相応の経験がなければ運用することができず、理解して運用できることが専門家として必要な能力になっている。法規が複雑になればなるほど、その能力を身につけるのが困難になると同時に尊重されることになるが、このような傾向が過度に進行すると、法律に対応することが専門家の主たる仕事になる危険性があり、現状はそれに近いといえる。専門家は複雑な法規を理解して運用することで専門性が評価され、それにともなう社会的な地位が得られていると現状を分析することもできる。これは、六法全書を理解する法律家に似ているのかもしれないが、その一方で、法細則への対応だけが存在意義であるかのような専門家をつくり出している側面もある。これでは、構造設計の本質としての創造的な仕事や建物の性能評価、品質や工期やコストの管理などがおろそかになることが懸念される。規制強化が建築の質を高めることにつながっているのか議論する必要がある。

ここで、安全性の観点から建築の質とは何かということを考えたい。安全性能が高いということで質が高いということもできるが、それは必要条件であって必要十分条件とはいえない。つまり、安全性能が高いことだけで質が高いということにはならない。その理由を考えてみる。構造安全性に関しては、安全性を高める設計の手段として、強い材料を使ったり、量を多く使うなどの方法と、より合理的な構造形態あるいは構造システムを採用する方法が挙げられる。前者は、柱を大きくしたり、壁を多く設けたり、木の代わりに鉄を用いるなど、一般的にはコストの増大に直結する方法であり、法体系にはさほど関係なく、建築主やひいては社会がそれを許容すれば選択可能な手段である。一方、合理的な形態やシステムとすることは、場合によっては安全性能を向上させてもコストを増大させない、あるいは縮減させることが可能であるが、それは法のあり方によって実現可能な場合と不可能な場合がある。例えば、傾斜地の山側を鉄筋コンクリート（ＲＣ）構造、谷側を木造とする計画を考える。山側の地盤はよく谷側は盛土で軟弱ということはよくあり、そのような場合、山側を重たく頑丈なＲＣ構造とし、谷側を軽量で柔軟な木造とすることは計画次第で合理的な構造になり得る。しかしながら、このような構造は、構造種別ごとに設計手法が定められた現行の一般的な設計法では扱いが不明確であり、それが理由で実現が難しくなっている。建物の安全性に関わる構造や防火・避難の観点から、その「質」について考えたとき、それが安全性の高さのみに依存するならば、コストを増大させることが質を高めることとの経済性の話に終始することになる。先に述べたように、建築基準法が要求する建物の安全性が、経済性を考慮した上での社会的合意として定められているならば、社会全体として、安全性に関する建物の質を高めていくことは難しいという結論にもなりかねない。したがって、経済性を考慮しつつ、安全性能に関する建物の質を高めることを考える必要がある。その一つの回答が、先の例における鉄筋コンクリート構造と木造の混構造のような、建物の多様性に対応できることと言えそうである。つまり、建物の固有な条件に対して、工学的な合理性を伴って対応できることが、質の高い建物の実現のために必要といえる。

建物は、用途や規模、敷地の状態や近隣との関係、そして建築主の意向や価値観などに応じて多様である。その多様性に応えるために、新しい材料や技術を導入することが必要になるかもしれない。建築の多様性を肯定し、それが実現できていることを一つの建築の質と考え、以下では、それを高めていくことと法規との関係を考えたい。建物群として多様性を高めていくことは、個々の建物の固有性を生かすことでもあり、それが、建築主の希望をかなえることである。そして、それがひいては、社会の建築に対する要望に応えることになる。法規制は個人の欲求に対する集団生活上の制約であるが、ここでは、単純に建築に対する規制の緩和の必要性を述べようとしているわけではない。細則が建築の多様性や様々な価値観を否定することになっては、合理的な設計が否定され、結果的に社会全体がその不利益を被ることになりかねないということを強調したい。

次に、膨大で複雑な法規制に対する現行の建築確認審査制度について述べる。建築確認における構造設計の審査では、法適合性が確認される。ここでの審査は「羈束行為」が原則で、審査者の判断の余地のない行為とされている。仕様を細部にわたって規定し、審査者の技量や嗜好によらず、結果にばらつきを起こさないとする考え方である。ところが実際には、建物は用途から規模まで多様であり、敷地があっての一品生産が原則であるから、仕様規定のすべてが判断の余地なく適用できるとは限らない。

仕様規定は「一般的な」建物を想定して定められているが、建物は多様であるから、何らかの「一般的でないこと」=「固有なこと」を有する場合の方がむしろ多数であると思われる。そのような建物に対して、規定を一律に適用すると、「固有なこと」に適切に対応することが難しくなり、結果として、工学的な合理性とは必ずしも整合しない設計を強要することになりかねない。例えば、法では、建物に階が存在することを前提にしているが、スキップフロア形式の建物では一般的な階の概念を適用することに工夫を要する。また、大きな吹抜けを有する建物でも吹抜け階を法規上の階と同じ扱いにするのか一義的には判断できない。階の概念にあてはまらないと、地震荷重や地震時の水平変位の上限値などの適用方法が不明確になり、工学的な判断が求められる。このような例は、まだ比較的一般的であり、仕様規定は適宜応用解釈され、現行制度の枠組内であると見なして設計されているのが実状である。ただし、より固有性の高い設計になれば、より高度な判断が必要になり、仕様規定の適用が益々困難になる。建築確認を行う機関では、そのような問題に対する設計者の判断を理解できないこともある。審査機関では、仕様規定への適合性のみを審査するということが現行制度における建前であるが、実状は工学的な判断に対する妥当性の審査が頻繁に求められる状況になっており、歪んだ制度になっている。審査者の建築構造に関する技量も様々であり、設計者の考えを理解できない場合は、設計を認めないといった形で処理されることもある。実務では、一定の期間内に審査を終え、予定の工期で建物を完成させることが求められるが、不用意に時間がかかることを回避するために、審査者が判断できないことを避けて、標準的で無難な設計や不経済でも法適合性が明確な設計を採用する傾向も否定できない。つまり、詳細な仕様規定は、建物の固有性に応じた柔軟な設計への阻害要因になっているといえる。スキップフロアの建物の例で、階の概念が一義的に判断できず、そのためにスキップフロアの計画を断念することを強いられたとすると、敷地に高低差があった場合の合理的な土地利用や床レベル差による豊かな空間の変化といった恩恵を受けられなくなる可能性がある。

構造以外にも仕様規定の弊害は存在する。防災・避難計画の分野では、例えば吹抜けは、仕様規定では避難階の直上、もしくは直下二層の吹抜け以外は防火区画する必要があるが、室内型の競技施設などでは建物の用途上、観覧席とフィールドやコンコースの間に区画を設けることが難しい。安全性は火災や煙の拡散状況を詳細に検討することによって、区画しないでも安全に避難できる出口配置や避難経路の設計を行い、その安全性の評価は一律の仕様規定によらず総合的な安全性能で判断する性能規定によって、このような特殊な建物や設備を許容する必要がある。しかし、現行制度ではすべての規定が性能規定に置き換わってはおらず、仕様規定とそれが想定している一般的な構法・空間が強制されてしまう場合も多い。

仕様規定による規制が設計の広範囲におよべば、専門家の技量や工夫や新しい知見・技術によって、その仕様規定が与える安全性と同等以上の性能を確保することが可能であっても、単に仕様規定への適合性だけで安全性が審査されてしまうために、建築の安全性に対して専門家の技量や努力による貢献が反映されないという事態を招く。このように、設計者が専門家として能力を発揮しやすい制度になっていないということは、社会的な損失ともいえる。多様な設計要求に高度に対応した柔軟な設計を実現するためには、専門家が一定の裁量を持つ仕組みが必要であるのに対し、標準的な建物を想定した仕様規定の物差しでしか工学的な設計の合理性を判断しないのでは建物の多様性に対応できない。また、法令として仕様規定を厳格化することは、不適切な設計の排除には役立つものの、設計者が過度に法令への適合へ注力してしまい、本来の新しい知見を含む様々な情報をもとにした設計の内容の吟味や安全性の確保が疎かになる恐れがある。そして、技術基準の法令化は、完成された技術、つまり既存・既成の技術をもとに規定がつくられ、いったん法令化されてしまうと簡単には改正できないことから、新しい知見・技術の応用を難しくしてしまうという問題もある。現実的に、新しい技術の利用がまったくできないということではないが、一般的な設計の時間内には対応できないほど手続きが煩雑になっていることが問題である。

二〇〇〇年に廃止された建築基準法第三八条の認定制度について述べる。同条に基づいて建物が設計された場合、有識者による審査委員会が立ち上げられ、設計内容の工学的な妥当性が審査された。その審査に合格すれば、設計方法から使用材料まで、必ずしも法律や設計指針などで規定されていなくても設計が許可される制度であった。実績のない新しい技術の採用が実務的な建築設計の時間の流れの中で可能であった。旧三八条認定を受けて設計された建物としては、免震建物や膜構造建物をはじめとする特殊な建物が挙げられる。免震建物などは当時の新しい試みが一般化される形で、今日では広く普及し、設計指針なども整備される形で、社会が技術進歩の恩恵を得ることができるようになった経緯がある。

同条が廃止された理由は、法律で建物の安全性能を規定しようとする流れの中で、同条の内容は重複するためと考えられるが、結果的にはそのような性能設計の枠組みは十分に整備されず、新しい技術や材料を設計に用いる仕組みが閉ざされた形となった。現行制度では、例えば建築構造用材料に指定された材料以外を用いた建物を設計しようとする場合、材料の認定を受けることから着手する必要があり、一品生産の建物の設計において、そのような特別な費用と時間をかけることは許されない場合がほとんどであり、実務上困難となっている。新しい技術や材料の開発に対して過度に閉鎖的な制度となっていることが、社会が技術利用および発展の恩恵を受ける機会を狭めていることになっているといえる。

ストック活用の観点からも詳細な仕様規定の運用への課題が指摘できる。既存の建物は、法における仕様規定が改正されると、建設時には当時の法を満足していたのに、最新の法を満足しなくなることが頻繁にある。このような建物を「既存不適格建物」と呼ぶが、既存不適格建物は、違法建物ではないので、即座に最新法規と照合した場合の不適合箇所を是正する必要はないが、増改築を行う際には、その規模や方法によっては、最新法規への適合が求められることがあり、それがストック活用上の障害になっている。一部の仕様規定を満足しなくても、それによる安全性能への影響を評価して、場合によっては、他の部位を補強するなどの方法でそれを補うことを認める仕組みが必要である。これはすなわち、仕様規定による審査だけでなく、仕様の代わりに性能を規定し、それによって設計あるいは建物の妥当性を評価する仕組みが求められることを意味している。

伝統木造建物の新築や改築においては、仕様規定による設計制約が特に重大な問題になっている。現行の建築基準法では、明治期以降に確立された軸組工法の仕様規定しか存在しない。そこでは、例えば、伝統木造建物で用いられてきた貫を中心とした柱梁の接合方法や、基礎部に礎石の上に柱を立てて両者を接合しない石場建ての工法などは規定されておらず、汎用的な方法では設計できない。大工棟梁によって担われてきた伝統木造建物の建設に高度な設計技術が必要になる現状では、その担い手が欠乏し、伝統木造建物そのものが存亡の危機に直面している。このような現状を鑑みても、仕様規定の厳格化を進めることが、多様な建物の設計に必ずしも合わないことが認識できる。

次に、コンピュータ技術の発達と複雑な法規定の関係について考えてみる。近年のコンピュータ技術の発達により、複雑な形状の建物も容易に解析できるようになってきている。かつては大型計算機を用いなければ解析できなかったような建物でも、パソコン一台でより高速で簡易に計算できるようになった。解析ソフトも充実し、ソフトの中身を詳しく理解していなくても建物の形状や部材の大きさなどを入力すれば、何らかの結果が得られるようになった。その結果として、コンピュータの中の世界が現実と乖離する社会現象が、建築構造設計や防火・避難設計の分野でも見られるようになってきている。つまり、構造設計でいえば、解析モデルは実際の建物の性状を踏まえた上でモデル化という形で簡素化された計算上の道具であるのに対し、モデル化の妥当性の検証が十分でないままに、結果だけが一人歩きする事態が発生している。複雑ではあるが、工学的な判断の排除を志向する法律と高度なパソコンおよび解析ソフトの能力はある意味で相性がよく、法規制を解析ソフトが取り込んで強力な構造計算ツールになっている。モデル化が不適切であったとしても、解析ソフトは、複雑な形なりに入力された解析モデルの法適合性を逐一確認して出力する。不適合との出力があれば、その根本的な理由を解明することが容易ではない場合も多く、結果として不適合と出力されないような設計あるいはモデル化を試行錯誤することにもなりかねない。これは、見方によっては、コンピュータによる解析結果が絶対であり、専門家が道具としてコンピュータを使う主体ではなく、コンピュータに入力するための使用人になり下がっているとも捉えられる。このような歪んだ状況が社会問題として露呈したのが二〇〇五年に発生した耐震強度偽装事件であるといえる。この事件では、解析ソフトが「適合」と出力するように工作され、耐震強度不足の建物が複数建設された。工作をした構造設計者にとって、コンピュータの中の解析モデルは建設される建物の実態から乖離してしまっていたものと推察できる。この事件を受けて、二〇〇七年に法律の改正が行われ、解析方法が規定されたり、コンピュータプログラムの扱いが厳格化されたりした。偽装をした設計者個人の問題としてではなく、制度の問題として事件を捉えることが重要であり、再発防止策として、法を厳しくすることは有用であった。一方で、規定を細かく定めることの弊害は前述のとおりであり、制度の厳格化による社会の硬直化を抑止し、建築の質を高めるための設計の枠組みを同時に整備する必要がある。法規を詳細に規定するだけでは、それを取り込んだ複雑な解析プログラムを十分に理解しないまま運用する設計者の存在を増大させ、質の高い建物を創造する担い手を失うことになりかねない。

望ましい法制度のあり方

これまでに、多様な建築のすべてに対して、詳細に仕様を規定し、安全性能を確保しようとする考え方には限界があり、新しい技術の導入や既存ストックの活用などの観点からも弊害になっていることを述べた。仕様を規定することは、建物に一定の性能を確保するための一つの手段であるが、必ずしもその仕様を満足しなければ性能が確保できないというわけではない。例として鉄骨構造の柱を考える。建築基準法は、高さに対する割合として、柱の大きさの最小値を定める仕様規定があるが、作用する力に対して十分な強度を有していることが確認できれば必ずしもその規定を満足しなくてもよいはずである。また、鉄筋コンクリート構造柱の鉛直材軸方向の鉄筋を束ねる鉄筋を帯筋というが、この帯筋の間隔は仕様規定により一〇〇ミリ以下と定められている。これは、地震時に柱が脆性的な壊れ方を防止する目的であるが、この規定は一九七一年の建築基準法の改正により導入されたもので、それ以前に建設された建物では、帯筋の間隔は一〇〇ミリよりも大きい場合がある。このような建物に対して、すべての柱の帯筋間隔を一〇〇ミリ以下に是正するのは実務的にはほぼ不可能である。建設当時には法適合していた建物がその後の法改正により不適合となった既存不適格建物に対して、平面的に床面積を二倍以上にする増築計画があったとする。エキスパンション・ジョイントを用いて増築部分を既存部分とは独立した構造とするのではなく、両者を一体化させることを考えると、既存部分も現行法規の仕様規定を満足しなくてはならない。つまり、帯筋間隔を一〇〇ミリ以下にしなくてはならない。それができない場合、既存部分を取り壊すか、計画自体を見直すことが要求される。これに対して、例えば増築部分を非常に頑強に設計して増築し、既存部分と一体化することで既存柱には地震力を負担させないといった方法で、柱の脆性的な破壊を防止し、安全性能を確保するという設計の考え方もあり得るはずで、杓子定規に規定の適用を要求することは、合理的な設計を否定し、事業活動にも悪影響を与えかねない。

別の視点からこの問題を考えてみる。柱という構造部材は、梁などの水平方向の部材を介して床を支え、上階の床の重量を下階の柱あるいは基礎に伝達する役割と、地震や暴風時の水平力に抵抗する役割の二つを担う。帯筋の間隔を一〇〇ミリ以下とすることは、後者の水平力抵抗機能の上では重要であるが、前者の床重量伝達機能の上では重要性が低い。事実、帯筋の間隔に規定が設けられたのは、一九六八年の十勝沖地震で鉄筋コンクリート柱の脆性的な破壊が確認されたためである。先に述べた増築計画の例では、増築部分を頑強に設計することで、既存部分に発生する水平力も増築部分に負担させる可能性を示した。既存柱がほとんど水平力を負担しないようにできれば、帯筋の間隔の規定を満足しなくても構造性能上支障ない計画は可能である。建築構造の仕様は、一定の性能を与えるために制定されてきた経緯があるが、その背景も理解した上で、別の方法で性能を確保する方法があれば、それらに柔軟に対応できる道筋を整備しておくことが、多様な建築にとって必要である。工学的な合理性をともなえば、固有性に柔軟に対応できることが、質の高い建築ストックの整備にとって重要である。

建物の性能を確保する手段として、仕様規定とは異なり、要求性能そのものを規定する設計方法のことを性能設計と呼ぶ。性能設計で要求されることは、突き詰めると、「使用上の問題を生じないこと」や「○○年に一度の確率で発生する地震に対して倒壊しないこと」といった形で整理できるが、前述の柱の例のように、部材ごとの要求性能に対する性能設計もある。目標性能を達成するために、仕様設計と性能設計のどちらを選択するかは、専門家の説明を受けて建築主が最終的に決めればよいことになる。性能設計の中で、性能評価の方法についても、専門家がよく理解している手法の中から、適切と考えるものを選択すればよい。つまり、法律が目標の達成手段まで規定する必要はない。これは、医者が患者の病気を治そうとする際に、薬の投与量や手術時の切開の方法を法律が規定することが無意味であることと同じである。その意味で、法は建物に要求する性能や外乱により建物に生じる力の大きさと満たすべき建物の状態を示すのみにするのがよく、仕様規定の中身などの技術指針は参考図書と位置づけるのが妥当である。更に、地震や積雪、暴風といった地域性のある荷重については、全国一律ではなく地域ごとに定める方が、確率的な建物危険性の評価の観点からは筋が通っている。防火避難では、外力（火災のエネルギー）は可燃物量や空間形状で変化し、利用者の特性や人口密度も供用中のレイアウト変更や用途変更で頻繁に変わることが予想される。これらの必然的な変更の適合証明手続きが厳格化、煩雑化され、計画が過度に拘束されることのないよう法制度は整備される必要がある。

3-4 設計手法の改善

性能設計の導入

今後の設計制度のあり方として、仕様規定を満足させることで建物に一定の性能を確保する仕様設計の考え方と、要求性能が確保できれば仕様規定を外れてもよいとする性能設計の考え方を両立させる仕組みが望ましい。仕様設計だけの制度の弊害については前述のとおりであり、現状で性能設計が実施不可能なわけではないが、手続きが複雑で時間がかかるために、個別の設計において経済活動の時間の流れの中で選択困難な手法になっていることが問題である。一方で、構造安全性に関しては、性能設計の考え方だけで、既存の仕様規定をすべて放棄して設計することも現実的ではない。仕様規定は標準的な建物に対する性能評価の集積ともいえ、このような長年の技術的な蓄積をすべて理解して、すべての詳細を一設計者が決めていくということは現実的には不可能だからである。これまでの設計の枠組みの中で培われてきた知識を援用しつつ、真に必要な部分について仕様規定を外した設計をめざすことになると思われる。

他方で、防火避難の分野では、避難階段や防火シャッター、スプリンクラー、あるいは鉄骨の耐火被覆などの設置が、居室の規模や用途などによって規定される仕様設計と火災時の被害予測に基づく性能設計とは、選択可能であるのが一般的であり、これらが準拠する仕様規定と性能規定も併存している。現状では両者の要求基準が異なっていることに加えて、性能規定の適用範囲、検証や運用、解釈が未成熟なため、仕様規定では適法な空間・構法が、性能規定では適法でない、あるいは逆に性能規定では適法でも仕様規定では適法でない、という事例を生み出し、現場を混乱させている。本来は多様な技術や構法、空間を生み出すはずの性能規定が、逆に仕様規定よりも厳しい拘束条件になって技術的、経済的に不合理となっている側面もあり、このような現行制度の歪みは是正されなければならない。

性能設計の利点については先に述べたとおりであるが、あらためて整理しておくと、新しい技術の発展、既存ストックの活用、建築の多様性への対応に集約できる。そして、これらにより合理的な設計が推進されれば、経済設計にも貢献できると考えられる。一方で、性能設計を行うことで、例えば、建物中の耐震壁の量を少なくすることができたとすると、それによって危険側の設計を許容することになるのではないかとの懸念が聞かれる。そのようなことも場合によっては起こりえるが、性能設計では工学的な根拠をともなって目標性能を確保できていることが示されていなければならないので、壁量を減らすことができるということは、部材あるいは材料をより有効に用いた合理的で経済的な設計という形で理解できる。つまり、性能設計により、一般的な建物を想定して安全側に規定された多くの仕様規定のうち、建物固有の条件から不要となる部分を削減できることになる。そのようにして、建物の多様性に対応できることが、成熟社会における質の高い建物群の構築につながると考えられる。

性能設計では、各外乱に対する建物の状態を評価する方法について、設計者の技量や建築主の判断、建物の種類によって法規定の度合いを変えることも考えられる。建物が多様であることと同様に、設計者の技量差も大きいことから、設計者であれば誰もが性能設計を行うことができるとする制度では、混乱を招くことも予想される。設計者の技量を適切に評価し、高度な技量を有する設計者には、規定の適用を判断できる裁量を与える設計制度を検討する必要がある。特に、建物全体から個々の部材に至るまで性能設計の適用方法が多岐にわたる構造設計の分野では、このような設計者の技量評価の必要性が強く、資格制度を含めて設計者の技量と裁量を関係づける制度の構築により、円滑な性能設計制度の導入が期待できる。

一方で、仕様設計と性能設計が制度上両立できた場合の仕様設計の運用について考える。多様な建築に対して、仕様規定の適用においても工学的な判断をともなうことが現状では少なくないことは先に述べたとおりである。性能設計は、そのように判断を求められる場合や、仕様やそのほかの規定を外れる場合に採用されることになる。つまり、今後の仕様設計の枠組みでは、仕様規定の適用に困難がある設計を排除する必要がある。工学的な判断がほとんど必要ない標準的な場合についてのみ仕様設計を適用するということにすれば、運用上の混乱は少ないと考えられる。標準的な設計の範疇については検討が必要であるが、現行の設計制度はおおむね仕様設計であるから、この枠組みの中で判断が難しいものを性能設計の枠に入れるということにすればよい。

次に、仕様設計と性能設計を両立させた場合の設計の審査方法について述べる。仕様規定の適用に工学的な判断が必要になる場合は、性能設計の範疇になることをはっきりさせておけば、仕様設計の審査は、計算方法なども規定するような現行の審査制度をおおむね踏襲する形での運用が可能である。この場合、審査そのものは工学的判断の妥当性の確認が最小限になっている分だけ平易になり、現行制度下の建築主事および確認検査機関などによる審査が可能である。一方、性能設計について、建物に求められる性能が確保されていることを工学的に示すことができれば、幅広く技術や構造性能評価方法を採用できることになる。

性能設計における設計審査は、仕様規定を外れる設計の工学的な判断や解析のモデル化の妥当性などについて、学識者や専門家同士で相互に検証するのが適切である。このような審査の方法はピアレビューと呼ばれ、患者が主治医の判断に対して第三の医者に意見を求めるセカンド・オピニオンの考え方に似ている。高度に専門的な内容は、同等以上の能力を有する専門家でなければ判断できないという考え方である。ピアレビューの審査者は設計者の意図や判断を理解した上で、法令の要求事項である設定された外乱に対する建物の状態が、目標水準を満足していることを確認することになる。性能設計における工学的な判断をともなう審査は、専門家同士のピアレビューが担うこととし、公的な機関での審査を代替できることにすれば、民間の技術活用の観点からも有効である。ピアレビューの審査者をどのように選定するかということに関しては、建築主の意向とする場合と公的な機関が主導する場合の二とおりが考えられ、今後詳細を検討していく必要がある。なお、現行制度で難易度の高い設計に対して適合性判定機関による設計審査が実施されているが、それらは書面による質疑応答が中心であり、設計者と審査者の十分な議論ができていないことが上記のピアレビューとの主たる相違になる。

性能指標の整備

建物の性能について、床振動やたわみなどの使用上の問題は、日常的な利用を通じて認識できることから、要求性能が法律で規定されていなかったとしても、問題は是正される方向で社会は機能する。一方、地震をはじめとして、積雪、暴風、火災などの非日常的な災害に対する建物の性能は認識が難しい。これはすなわち、備えの程度を設定することが困難であるということを意味している。自然災害の発生規模や場所は正確には予測できていないことを踏まえても、非常時の建物の被害状況を予測することは難しいが、粗い精度でも性能指標を整備する必要性は高い。地震に着目して耐震性能について考えてみる。建物が保有すべき耐震性能は最終的に建築主が決定するが、その最低要求性能は法が定めている。これは、経済性を追求して、著しく耐震性能が低い建物が氾濫した場合、国は国民の生活を根底で支えることができなくなるためである。もしも、建築に社会性がなく、被害予測が高い精度で可能であったならば、しかも、被害に対する救済を一切要求しないということであれば、法は最低基準を定める必要はないかもしれない。しかし、現実には、被害予測はできておらず、建物には社会性があり、住民および利用者への救助活動も行われることから、法は最低基準を設け、国民はそれを守る義務がある。最低基準であるから、法を守ることが、完全な安全を意味するわけではないことを理解した上で、建築主は目標耐震性能を設定する。専門家は、建築主が判断できるよう十分に説明をする責務を担うが、その際に、性能評価指標は有用である。設計時の性能評価指標は、資産価値や保険料率などと連動することが望ましい。現状では、既存建物と新築建物に共通した地震時の被災度を示すような耐震構造性能指標は存在しておらず、そのような指標が整備されれば、建築基準法を満足することが安全であるとの誤解を解消する上でも役立つと考えられる。専門家は行政と一体となって、専門家と建築主、あるいは社会との対話を助けるためのわかりやすい性能指標を整備する必要がある。

ここで、既往の耐震構造性能指標を紹介したい。新築建物に対しては、重要度係数あるいは用途係数、住宅の品質確保の促進にかかわる法律による耐震等級などがあり、既存建物に対しては、構造耐震指標（Is値）がある。このうち、新築建物に対する指標としては、建築基準法が要求する耐震規定に対する余裕度が用いられるのが一般的である。つまり、地震荷重を基準法要求値よりも何割か大きく設定して設計されることになる。重要度係数は主として公共建物の設計時の要求耐震性能指標として利用されるが、全国的に民間の建物を含めた指標として用いられることもある。また、耐震等級は地震保険料の料率の設定根拠となる場合もあるが、対象建物が住宅に限定されている。そして、既存建物を対象にした構造耐震指標（Is値）は体系化された評価指標といえるが、耐震診断の主対象が一九八一年に改正された建築基準法（新耐震基準）以前に建設された建物となっている。

この指標は地震被害との関係である程度定量的な安全性の評価がなされているといえるが、新築建物に適用される建築基準法の構造基準との関係は十分に明確とはいえない。

一方で、建築基準法が要求する安全性に対する相対的な安全性評価は、比較的わかりやすいともいえるが、保持する性能を必ずしも表していない可能性がある。また、制定から六〇年になる建築基準法が規定する安全性に対する余裕度に基づいて、相対的に耐震性能を評価しようとする既往指標の考え方では、それによって確保される物理的な耐震性能を必ずしも反映できていない。つまり、地震時の想定被害状況を評価指標の値に応じて説明できるような具体的な指標の意味づけがともなっていない。超高層建築や免震構造など、地震時の建物の挙動を刻一刻評価する時刻歴解析を行うような建物においては、個別の敷地で想定される地震力の評価や地震時の建物の応答に対して詳細な評価が行われており、これらの建物に限定すればある程度の定量的な性能指標を決めることができるが、一般的な建物に対してはあてはまらない。

耐震構造性能評価指標を整備する上での技術的な課題は、前述のとおりであり、安全性能がばらつきの幅をもってしか評価できないことや、耐震性能に関して、建物の敷地特性との関係が十分に評価できていないことなどである。確率的な評価により、ばらつきを扱うことは合理的ではあるが、木造住宅から超高層建物まで一貫した評価体系とする理想に対する技術的な課題は多い。また、敷地に関しては、表層地盤の状態だけでなくより深い位置での地盤の状態によって、地震時の振動特性が異なり、より正確な建物の構造性能評価のためにはそれらを考慮する必要があるが、こちらの場合も、建物の規模や重要性に応じた正確な評価の必要性が議論される必要がある。

指標の設定方法には技術的な課題があることを認めつつ、その運用について考えてみる。建物の構造性能評価指標の考え方の例として、建築基準法の最低基準をレベル0とし、より高い性能となるにしたがい+1～+3とレベルを上げることを考える。更に、最低基準を下回る負側の性能も考える。新築建物の耐震水準を負側に設定することは許容されないものの、既存建物の構造性能を評価する場合には、負側の性能を認めることにする。これにより既存不適格建築などの位置づけも明確になり、耐震改修の促進につながるものと期待できる。

これらは建築ストックの質の向上にも寄与する。住宅の耐震性能のレベルに関して、東京財団の政策提言では、設計者が建築主に地震被害リスクを説明した上で、事前に同意を得ること、一方、販売者や賃貸人には、購入者や賃借人に対してその建物がどの程度の耐震基準であるのかの表示・説明義務を課すことなどを提案している。ただ、提言では、現行の建築基準法を改正し、法規制でより高めの耐震基準に誘導することを提唱しているが、建築主や設計者の判断でより質の高い建物をつくって維持していくような仕組みとすることをめざすべきである。

建物の構造や防火避難上の安全性能指標が普及してすべての建物に表示されることとなれば、既存の建物で著しく性能の低い建物は、購入者や賃貸者がいなくなり、自然と淘汰されていくことになる。逆に構造性能指標値が基準より多少低い物件の場合、その程度が明らかとなることで、価格とのバランスを考えてそのリスクを受け入れる購入者が現れることも考えられる。新築の場合、開発事業者は物件を販売する際に、購入者から同業他社と比較されることとなるため、建築基準法ぎりぎりの低い品質設定で建設を行い、高い利益を上げようとする行為の抑制が期待でき、悪質な業者の排除に役立つと思われる。それどころか高い構造指標値を付加価値として販売に活用する業者が現れることも予想される。また、安全性能評価値と保険料率を関連させることで、補強改修に対する建築主の動機づけになり、改修工事の促進にも寄与すると考えられる。更に、評価指標を公開する仕組みも構築できれば、その効果は一層高まると想定できる。いずれにしても、判定された安全性能指標は判定者と別の第三者によって客観的に検証される仕組みが望ましい。

わかりやすい安全性能評価指標の整備は、既存ストックを流通させ、活用する観点からも重要である。土地の価値のみではなく、建物そのものの価値を判断できる指標がない現状では、価値判断ができず、評価が過小になる。結果として、土地のみの価値で市場取引されることになる。構造性能の評価については、新耐震基準以後に建設された建物に対しても、現行基準相当との画一的な評価ではなく、建物の状況に即した評価を与える必要がある。また、現状では耐震基準値に満たない建物は危険であるとの短絡的な判断が定着している傾向があるが、これでは、基準値以下の建物には補強か解体かを無条件に要求されることになる。建物の使用状況や供用期限などに応じて、必要な建物の耐震性能を考えていくことができれば、既存ストックの活用の上で有効である。ちなみに、重要文化財など歴史文化遺産に限定すれば、使用状況を考慮して現行基準や耐震診断の規定値を下回る耐震性能を是認する場合もある。

建物の性能評価の違いについて、建築主をはじめとする社会が理解するきっかけとなることで、建物の構造や防火避難上の安全性能に対する評価が建築基準法の適合是非のみの評価から、連続的な安全性の度合いに対する段階的な評価へと認識をあらためることに寄与すると考えられる。

参考文献
日本建築学会『建築の構造設計　そのあるべき姿』、日本建築学会、二〇一〇
東京財団政策提言　住宅市場に〝質の競争〟を―建築基準法の本質的欠陥と改正提言―、二〇〇九年二月
日本建築学会『建築ストック社会と建築法制度』、技報堂出版、二〇〇九
日本建築学会建築法制委員会『建築基準法の性能規定化のあり方に関する提言』、二〇〇七年三月

４章　建築・まちづくりの未来

4-1 地球環境、エネルギー問題への対応

建築と地球環境問題

建築は、古くからその建築の建つ地域の資源と環境の制約の中でつくられてきた。しかし一九世紀後半以降、建築内に電気エネルギーが導入・利用され、照明設備、空調設備、エレベーターなどが導入されるようになると、建築は地域や周辺環境の制約から解き放たれて、高層ビル、巨大ビル、ガラスのビルなど多様な規模・形状・デザインが生まれ、それにともないビルのエネルギー消費も増大した。一九七〇年代に発生したオイルショック後はビルの省エネルギー化が大きなテーマになり、各種の省エネ技術が導入されるようになった。しかしその後、ビル内居住環境レベルの高度化、ビルの中にパソコンや情報装置などの電気を使用する機器の導入が進み、ビルの棟数と合計床面積の増大および建物利用時間の長時間化なども進んだため、日本のビル全体のエネルギー消費量は増大した（図4―1―1）。一九九〇年代になると資源枯渇問題としてのエネルギー問題だけでなく、エネルギー使用に伴う地球温暖化が大きな

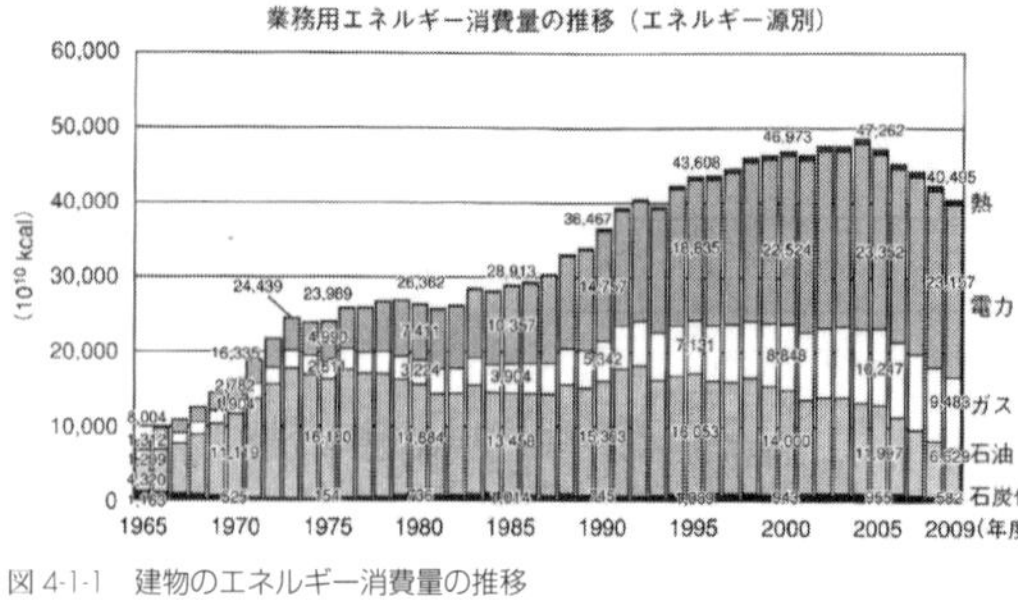

図 4-1-1　建物のエネルギー消費量の推移

問題となり、地球環境を維持し、今の地球環境を次世代に引き継ぐという視点から地球環境問題に取り組む必要性が世界共通の認識となり、この問題に対する対応が始まった。その中で温暖化ガス発生抑制に向けた取組みは特に大きなテーマとなり、最近では建築や住宅のゼロ・エネルギー化、ゼロ・エミッション化が注目を集めるようになってきた。

地球環境問題に対する取組み

最近建設される建築の計画趣旨や設計趣旨には、省エネルギーをはじめとして、環境共生、自然共生、環境配慮、環境保全、環境に優しい、グリーンビルディング、サステナブル・ビルディングなどという言葉がならぶことが多い。現在計画・設計される建物や住宅は、ほぼすべてが地球環境に対する配慮を行っているといっても過言ではない。しかし、例えば「サステナブル建築（ビルディング）」は、「地域レベルおよび地球レベルでの生態系の収容力を維持し得る範囲内で①建築のライフサイクルをとおしての省エネルギー・省資源・リサイクル・有害物質排出抑制を図り、②その地域の気候・伝統・文化および周辺環境と調和しつつ、③将来にわたって人間の生活の質を適度に維持あるいは向上させていくことができる建築物」（一九九九年に日本建築学会地球環境委員会サステナブル・ビルディング小委員会）をいうように、地球環境問題だけを対象にするのではなくより広い意味を持っている場合が多い。また、二〇〇〇年には建築関連五団体（社団法人日本建築士会連合会、日本建築士事務所協会連合会、日本建築家協会、建築業協会、日本建築学会）が地球環境・建築憲章および地球環境・建築憲章運用指針を公表しているが、ここでは建築の計画・設計・施工という側面だけではなく建築・都市を形成する社会システム全体を対象にした環境配慮システムの構築をめざしている。

さらに世界の温暖化問題に対する取組みが社会的にも強化される中で、日本建築学会を含む建築関連一七団体は二〇〇九年一二月に「建築関連分野の地球温暖化対策ビジョン二〇五〇」という提言書を公表し、この中で「新築建築は、今後一〇～二〇年の間に二酸化炭素を極力排出しないよう、カーボン・ニュートラル化を推進する」こと、「既存建築も含め二〇五〇年までに建築関連分野全体のカーボン・ニュートラル化を推進する」こと、すなわちゼロエミッション化を目標に掲げている。

建築のゼロエネルギー化、ゼロエミッション化

米国では二〇〇七年のエネルギー自立安全保障法で「Net-Zero Energy Commercial Buildings Initiative」を規定し、二〇三〇年までに新築されるすべてのビルを、二〇五〇年までに既築を含めたすべてのビルをZEB（Net Zero energy building）にするための技術・慣行・政策を開発・普及するとしている。英国でも二〇〇八年に「二〇一九年までにすべての新築非住宅建築物をゼロカーボン化する」（Zero Emisson Building 化）という野心的目標を掲げた。世界のこのような動きに

対して、日本は二〇一〇年六月に閣議決定した「エネルギー基本計画」の中で、二〇二〇年までに新築公共建築物などでZEBを実現し、二〇三〇年までに新築建築物の平均でZEBを実現することをめざすことを明記し、この「エネルギー基本計画」と同時期に発表された「新成長戦略」でも「二〇二〇年に新築公共建築物などでZEBを実現する」と記された。

二〇一一年の東日本大震災および福島原発事故後、日本のエネルギー問題は今までに増して大きな問題になり、エネルギーにかかわる関連政策も大幅な見直しが進んでいるが、建築のゼロエネルギー化に向けた対応は加速されるものと思われる。

ところで、この〝ゼロ〟とは、建物の年間エネルギー消費量を実際にゼロにすることを意味するのではなく、ネットでゼロ（年間のエネルギー消費量と太陽光発電などによって自ら生産するエネルギーを使用することにより購入するエネルギーをゼロ）にするという意味であるが、ZEBをめざすためには、エネルギー消費量自体も大幅に削減した超省エネビルにしないと、太陽光発電などの再生可能エネルギーを使用してもゼロにすることは難しい。また、日本ではクールビズといった日常の生活にも影響を与えるような省エネ対策が取られていることからもわかるように、エネルギーの削減は単に建築のハード面での対策だけではなく、その使用方法といったソフト面での対策も必要になる。ZEBをめざすにはハード、ソフト両面での対応が必要になる。

また、このような建物は今後の技術開発によって初めて実現されるような遠い目標ではない。米国などでは既にZEBのデータベースがウェブ上に公開されているように、世界を見わたせばZE

Bはすでに存在する。

デザインからエンジニアリングへ

先に述べたように、戦後、建築には多くの建築設備が導入されるようになった。これらの設備は、居住性向上に対するニーズや、社会システムの高度化に応じて、高機能化し、現代の最新の建築では、その光環境、熱環境、空気環境、音環境などは建築設備によって維持され、設備がその機能を停止すると建築としての機能も停止するほどになっている。

このような建築のあり方の変化に応じて建築設計や計画のあり方も変わってきている。例えば、昔の建築設計は図4−1−2のような概念図で示すことができた。しかし今は図4−1−3のように設備計画が重要な位置づけを占めるようになり、設計の中で設備設計が独立して行われるようになってきている。ところで、建物内の環境はエネルギーの投入によって維持されている（図

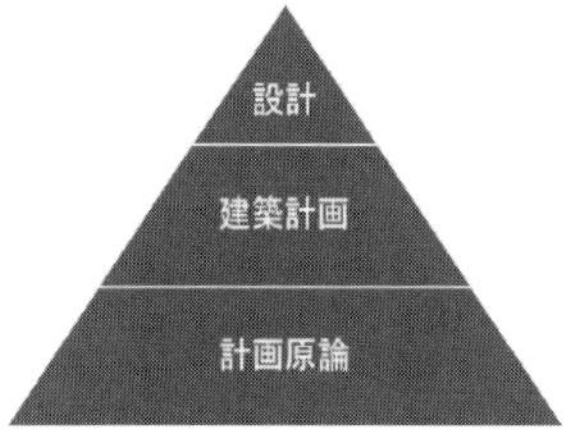

図 4-1-2　以前の建築設計

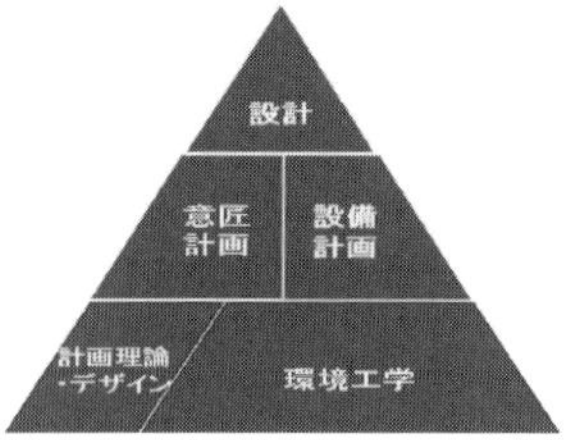

図 4-1-3　現在の建築設計

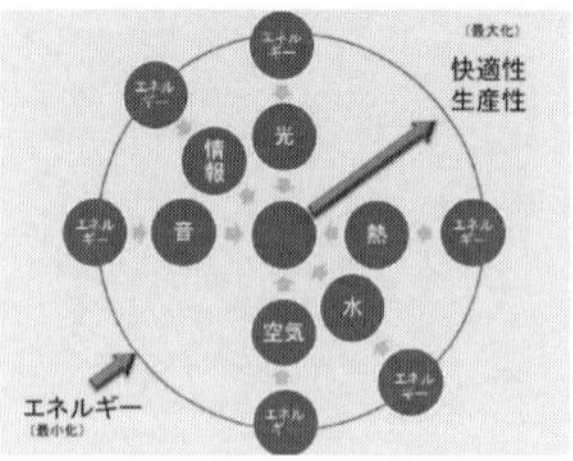

図 4-1-4　建築環境とエネルギー

4－1－4）。このエネルギー投入量は、建築の高機能化やＩＴ機器の増大があるにもかかわらず、今までの省エネルギー化の努力によって、抑えられているが（図4－1－5）、地球温暖化防止のための対策強化やＺＥＢ化のために更なる省エネルギー化が求められている。

そのためには、建築デザインの初期から綿密な設備計画が必要になる。また、今まで以上に地球環境配慮の度合いや省エネルギー対策の効果を定量化したエンジニアリングとしての検討が必要になる。すなわち、省エネや環境配慮技術の導入の仕方によってその効果が大きく変化するので、このような効果を考えながら各種の対策を導入する必要がある。現在、このような「効果試算」あるいは「効果検証」にかかわるエンジニアリングを行っているのは建築設備分野のエンジニアである。また、建物の中で実際にエネルギーを消費し、地球環境に大きな影響を与えるのは建築設備である。今後、建築の中で建築設備の重要性はますます大きくなると同時に建築設備のエンジニアの責任も大きくなることが予想される。

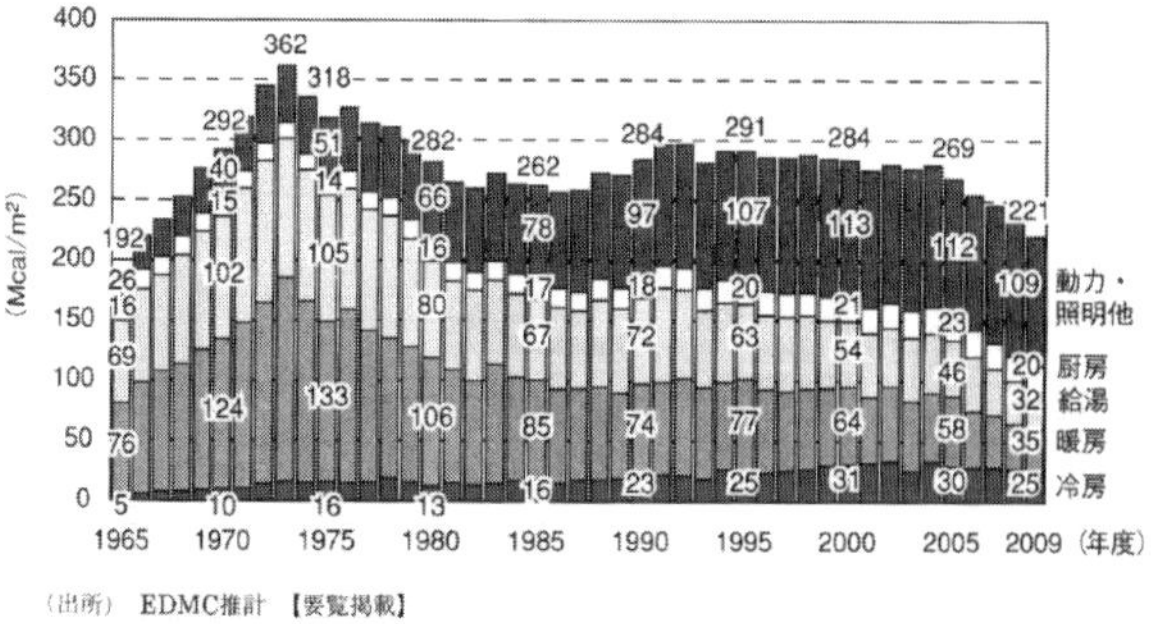

（出所） EDMC推計 【要覧掲載】
図 4-1-5 業務用延床面積あたりエネルギー消費原単位の推移（用途別）

新しい理念と社会システムの構築へ向けて

(1) 建物内環境に関する理念と法規制

建物内環境は、経済性を考慮して計画・運用されている建築設備の機能によって維持されている。それはまた、建築設計のあり方によって大きな影響を受ける。建物内環境の性能は、快適性、利便性によって評価される。一方、安全性、健康性、ノーマライゼーションへの配慮は、法規制の対象となり、最低基準として規制を受けている。

今、質の高い建物づくりを考えれば、建物内環境をつくる建築設備と建築設計の更なる高度化が求められる。

建築設備は、高度な技術レベルで建物内環境が管理・制御されるように設計されねばならない。また、運用においては、明確な根拠を持った管理基準を持つべきである．設計においても運用段階においても適切な評価を受けねばならない。

設備設計だけでなく、建築設計において、環境面に高度な配慮がなされるべきである。

この点において建物内環境に関する新たな理念が必要とされ

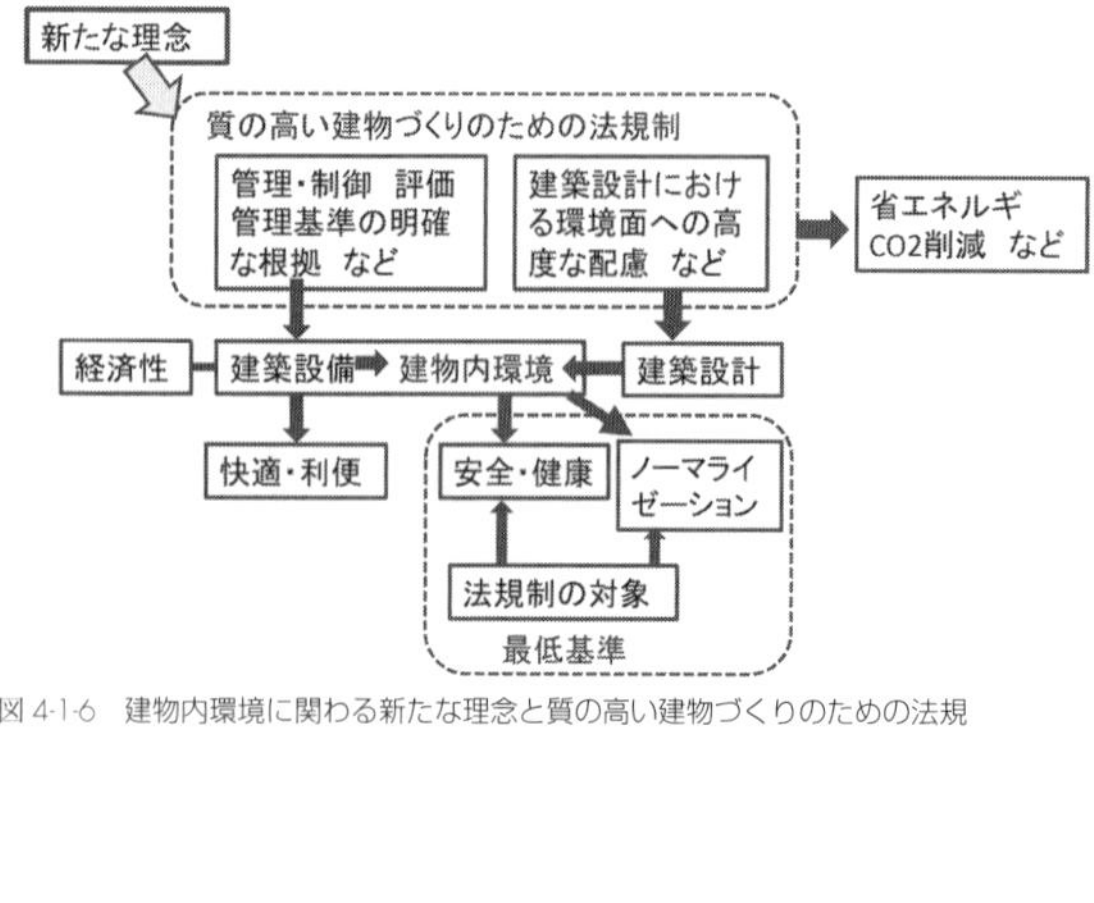

図 4-1-6 建物内環境に関わる新たな理念と質の高い建物づくりのための法規

る。また、今後の新たな、質の高い建物づくりのための法規制の方向性が示されねばならない（図4―1―6）。

（2）建物外環境に関する理念と法規制

建築設備は物質とエネルギーの消費（建築設備から見ればINPUT）によって建物内環境（OUTPUT）を維持し社会経済活動を支えている。この機能を果たすために建築設備は建物外環境にインパクトを与えている。インパクトとは、生態系・自然環境破壊、地球温暖化、都市環境におけるヒートアイランド、水資源問題、廃棄物問題などである。このような建物外環境へのインパクトは将来世代にも影響をおよぼすものであり、環境倫理面での配慮が必要となる。

建築設備によって維持される建物内環境に依存する〝社会〟は、物質とエネルギーの消費において持続可能性を確保しなければならない。したがって、建築設備は、持続可能性確保のため、建物内環境の維持という目的に対し、拘束条件を設定しなければならない。拘束条件とは、建物ストックの活用、建物の長寿命化、エネルギー消費の管理、水消費の管理、廃棄物の管理などについて、計画、把握、

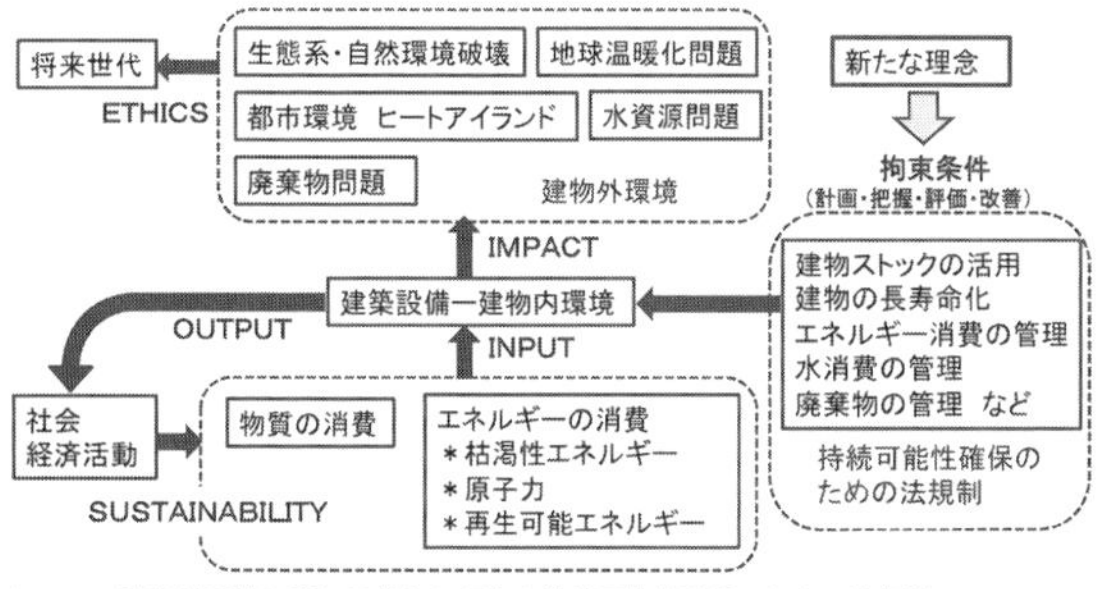

図 4-1-7　建物外環境に関わる新たな理念と持続可能性確保のための法規制

評価、改善を継続的に行うことであり、ここに建築外環境に関する新たな理念が見いだされ、これが今後の持続可能性確保のための新たな法規制対象となると考えられる（図4－1－7）。

（3）理念の実現と社会システム

建築環境と建築設備のあるべき姿＝理念、実現のためには、社会システムを変えていく必要もあるが、特に建築技術の中で進展の著しい建築設備技術を更に高度化し、それを社会・経済の発展につなげるためには、建築設備技術を取り巻く多くの課題に対処する必要がある。

特に注力すべき事項として、次が挙げられる。

①設備設計技術のブラッシュアップ
②技術者倫理・環境倫理の深化
③教育と研究
④国際化

これを支援する社会システムとして、次の事項が有効であり、今後の充実が望まれる（図4－1－8）。

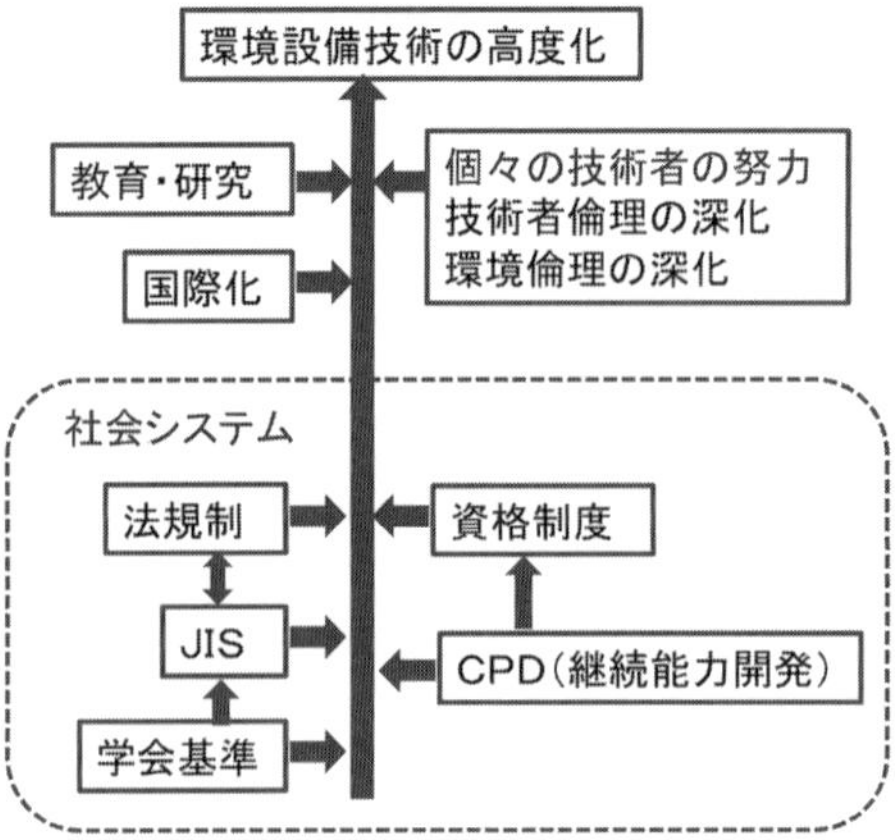

図4-1-8　理念の実現とそれを支える社会システム

①資格制度
②ＣＰＤ（継続能力開発）
③法律による規制の適正化
④ＪＩＳや学会基準等の充実

（4）法規制と学会基準―理念実現の戦略的観点から

法には罰則による強制力がある。一方、学会などの基準には罰則規定がないが、理念実現の戦略的重要性は大きいと考えられる。学会基準の特徴は、フレキシビリティ、体系化のしやすさ、失敗のない技術のための標準化などにあり、法令化とともに理念実現の戦略に有効であると考えられる。

むすび

現行の建築基準法の「最低基準」から、「質の高い建築づくりのための新たな法規制を中心とする社会システム」への転換が求められている。「質の高い建築づくり」の前提として、「建築のあるべき姿」についての議論に基づく新しい理念の構築が必要である。「質の高い建築づくりのための新たな法規制を中心とする社会システム」とは、この理念の実現に向けたものと位置づけられよう。

建築設備技術の理念とは、この技術において重要でかつ普遍性を持つ〝基本〟をさすが、必ずしも、この技術分野にかかわる個々の課題の最適値あるいは最適解をもって足るものではないだろう。

建築設備技術は、建物内環境と建物外環境とにかかわる。このうち、建物内環境については、質の高い建築づくりのための新たな法規制対象として、建築設備に対しては、管理・制御、評価、管理基準の明確化などを、同時に建築設計に対しては、環境面への高度な配慮などを想定した。新たな法規制には、まずこの範疇に新たな理念が構築されるべきである。

一方、建物外環境とのかかわりについては、建物内環境の提供という目的に対し、社会の持続可能性確保のため拘束条件を設定しなければならない。拘束条件とは、建物ストックの活用、建物の長寿命化、エネルギー消費の管理、水消費の管理、廃棄物の管理などについて、計画、把握、評価、改善を継続的に行うことであり、これらを新たな法規制対象と考えるべきであろう。また、ここに新たな理念が構築されるべきである。

4-2 人材育成、専門家教育

はじめに

木造文化とともに地域特有の街並みを形成してきた伝統的構法木造建築物は、建築基準法に明確に規定されていないために、近年、建設が難しくなってきており、熟練技術を必要とされる大工、左官、建具工などの技術者の仕事は伝統的構法の社寺建築物や住宅の建設にしか活躍の場がないのが現状である。伝統的構法の技術継承とともに伝統木造技術者の育成が難しくなっている。

また、建築基準法の中に規定されている、建築設備についてもその設計・工事監理業務は建築士に限定されているが、この業務を担う設備技術者は建築系の大学、高等専門学校などではなく、多くは機械系や電気系の大学、高等専門学校、工業高校などの卒業生であるため、建築設備の設計・工事監理業務を建築士に限定したことは、大きな問題を抱え続けることとなった。ここでは、伝統木造技術者と設備技術者の人材育成、専門家教育の問題を取り上げる。

伝統木造技術者の育成と資格制度

地域の気候・風土などに適応して多様な構法として発展してきた伝統木造建築物は、現在も社寺建築物のみならず民家として、多くの都市、まち、村で数多く現存している。このような木造建築物も老朽化が進み、また現代的な住まい方に適していないなどから建て替えられつつある。一方では、伝統的構法のよさが再認識され、伝統木造住宅を建てたい、住みたい、のニーズは高まってきており、伝統的構法が復活する機運とともに、多くの地域でその歴史と文化の継承の観点から伝統木造建築物の保存・修復・再生への取組みがなされている。

伝統木造建築物は一九五〇年の建築基準法の制定以前から建て続けられていたが、伝統的構法は建築基準法に明確に規定されていない。同じ木造でも在来工法や枠組壁工法などは、建築基準法の下に構造設計法が確立しているが、伝統木造建築物は建築基準法に明確な規定がないために、近年、建設が難しくなってきていた。そこで、二〇〇〇年の建築基準法の改正で導入された限界耐力計算が伝統木造建築物の耐震設計に適用できるようになり、合法的に建てられるようになった。しかし、耐震偽装問題（構造計算書偽造問題）を受けて、二〇〇七年六月に建築基準法改正では建築確認・検査が厳格化され、限界耐力計算によるものは、規模にかかわらず構造計算適合性判定などが必要とされるようになり、以後、伝統木造建築物は、確認申請の受付や工事の着工が著しく減少し、伝統木造技術者の育成が難しくなっている。

(1) 日本の木造住宅建設の実態

住宅着工数の推移を見てみると、一二〇万戸を維持してきた数値も八〇万戸になり、そのうち木造住宅は一九六五年から六〇万戸を維持してきたものが二〇〇七年には五〇万戸に落ち込み、一戸建だけを見ると更に大きく三七・五万戸になり、木造の占める割合が少なくなってきた。山→製材所→市場→小売→工務店という木材の流通経路は現在崩壊し流通の再編が行われている。生産現場での体制も大きく変化し、機械プレカットへの依存が高まり現在その占有率は八〇パーセントを超えた。これにともない大工の就業者数は(一九八〇年をピークに現在では六割程度五五万人)に激減した。住宅市場は大規模生産者と小規模生産者の二重構造を出現させた。工期の短縮やローコストを目的とした住宅生産の合理化にともない、工業化された部品の占める割合が多くなり、ハウスメーカーや大手ビルダーが生産する住宅において、大工は部品の組立工と化している。木造建築物の生産現場で、熟練技術を必要とされる技術者=大工、左官、建具工などの仕事は伝統的構法の社寺建築物や住宅生産現場にしか活躍の場がないのが現状である。衰退していく伝統木造技術の危機的状況を打破するには、技術者に対しての長期にわたる計画的な支援活動が必要と思われる。

(2) 中小工務店団体の取組み

ＪＢＮ・工務店サポートセンターでは、現場技術者や技能者向け講習会の実施や後継者育成に取り組んでいる。その一環として、二〇一一年には会員工務店に対して実態調査アンケートを行い、八〇〇社以上から回答を頂き、地域工務店の全体像を明らかにした。

(i) 木材加工の実態

プレカット／手刻み比率についてのアンケートから、木材加工の実態として、表4－2－1に示すようにプレカットでの加工比率が八〇パーセント以上との回答が七三・七パーセントとなっている。また、プレカット加工が一〇〇パーセントとの回答は全体の四九・四パーセントの割合となっており、約半数の事業者が一〇〇パーセントプレカット加工による家づくりを行っている実態が明らかになった。また、売上高が高い事業者ほどプレカット比率が高く、売上高が低いほど手刻み比率が高いという傾向が見られる。一方で、表4－2－2に示すように一〇〇パーセント手刻みによる加工を行っているとの回答は売上高一〇億未満の経営規模の事業者で見られ、特に五〇〇〇万未満で二二・四パーセント、一・五億未満で一四・二パーセ

売上高別	全体	プレカット比率						平均
		0%	20%未満	50%未満	80%未満	100%未満	100%	
全体	847	103	18	29	73	206	418	
	100%	12.2%	2.1%	3.4%	8.6%	24.3%	49.4%	77.1%
5千万未満	58	17	2	1	2	14	22	
	100%	29.3%	3.4%	1.7%	3.4%	24.1%	37.9%	60.8%
5千万～	268	43	6	11	37	53	118	
1.5億未満	100%	16.0%	2.2%	4.1%	13.8%	19.8%	44.0%	70.8%
1.5億～	234	27	5	8	20	68	106	
3億未満	100%	11.5%	2.1%	3.4%	8.5%	29.1%	45.3%	76.7%
3億～	114	5	3	6	8	32	60	
5億未満	100%	4.4%	2.6%	5.3%	7.0%	28.1%	52.6%	84.4%
5億～	103	7	2	2	2	23	67	
10億未満	100%	6.8%	1.9%	1.9%	1.9%	22.3%	65.0%	87.1%
10億～	38	2	0	1	2	8	25	
20億未満	100%	5.3%	0.0%	2.6%	5.3%	21.1%	65.8%	88.6%
20億以上	21	0	0	0	1	4	16	
	100%	0.0%	0.0%	0.0%	4.8%	19.0%	76.2%	95.9%

表 4-2-1　プレカット比率（売上別）

売上高別	全体	手きざみ比率						平均
		0%	20%未満	50%未満	80%未満	100%未満	100%	
全体	847	448	145	86	59	28	81	
	100%	52.9%	17.1%	10.2%	7.0%	3.3%	9.6%	20.4%
5千万未満	58	28	4	8	2	3	13	
	100%	48.3%	6.9%	13.8%	3.4%	5.2%	22.4%	32.1%
5千万～	268	126	36	32	26	10	38	
1.5億未満	100%	47.0%	13.4%	11.9%	9.7%	3.7%	14.2%	27.2%
1.5億～	234	112	47	29	16	9	21	
3億未満	100%	47.9%	20.1%	12.4%	6.8%	3.8%	9.0%	20.9%
3億～	114	60	29	8	9	3	5	
5億未満	100%	52.6%	25.4%	7.0%	7.9%	2.6%	4.4%	15.6%
5億～	103	70	19	4	3	3	4	
10億未満	100%	68.0%	18.4%	3.9%	2.9%	2.9%	3.9%	10.7%
10億～	38	28	5	3	2	0	0	
20億未満	100%	73.7%	13.2%	7.9%	5.3%	0.0%	0.0%	6.1%
20億以上	21	17	2	1	1	0	0	
	100%	81.0%	9.5%	4.8%	4.8%	0.0%	0.0%	3.7%

表 4-2-2　手刻み比率（売上別）

ント、三億未満で九・〇パーセントとなっている。また、五億未満、一〇億未満、二〇億未満、二〇億以上でも手刻み比率二〇パーセント未満、五〇パーセント未満、八〇パーセント未満において回答が得られていることから、それぞれの家づくりの状況に応じて手刻みを利用していることがわかる。プレカット／手刻み比率をエリア別に表したのが表4−2−3、4−2−4。プレカット比率の平均が最も高いのが中国地方で八四・五パーセント、次いで関東地方で八三・五パーセントである。一方、手刻み比率の平均が最も高いのは北陸地方で三〇・八パーセントとなっている。

		プレカット比率						
エリア別	全体	0%	20%未満	50%未満	80%未満	100%未満	100%	平均
全体	847	103	18	29	73	206	418	
	100.0%	12.2%	2.1%	3.4%	8.6%	24.3%	49.4%	77.1%
北海道	10	3	–	–	1	2	4	
	100.0%	30.0%	-	-	10.0%	20.0%	40.0%	62.0%
東北地方	92	12	1	7	12	19	41	
	100.0%	13.0%	1.1%	7.6%	13.0%	20.7%	44.6%	72.8%
北陸地方	32	6	3	–	3	10	10	
	100.0%	18.8%	9.4%	-	9.4%	31.3%	31.3%	66.1%
関東地方	172	16	2	4	9	39	102	
	100.0%	9.3%	1.2%	2.3%	5.2%	22.7%	59.3%	83.5%
中部地方	248	29	9	8	22	61	119	
	100.0%	11.7%	3.6%	3.2%	8.9%	24.6%	48.0%	75.7%
近畿地方	121	17	1	5	12	30	56	
	100.0%	14.0%	0.8%	4.1%	9.9%	24.8%	46.3%	75.0%
四国地方	48	8	–	2	1	14	23	
	100.0%	16.7%	-	4.2%	2.1%	29.2%	47.9%	76.9%
中国地方	50	3	2	1	2	15	27	
	100.0%	6.0%	4.0%	2.0%	4.0%	30.0%	54.0%	84.5%
九州地方	74	9	–	2	11	16	36	
	100.0%	12.2%	-	2.7%	14.9%	21.6%	48.6%	77.1%

表 4-2-3　プレカット比率（エリア別）

		手きざみ比率						
エリア別	全体	0%	20%未満	50%未満	80%未満	100%未満	100%	平均
全体	847	448	145	86	59	28	81	
	100.0%	52.9%	17.1%	10.2%	7.0%	3.3%	9.6%	20.4%
北海道	10	5	–	3	–	–	2	
	100.0%	50.0%	-	30.0%	-	-	20.0%	28.0%
東北地方	92	42	11	12	14	1	12	
	100.0%	45.7%	12.0%	13.0%	15.2%	1.1%	13.0%	27.1%
北陸地方	32	11	8	4	1	3	5	
	100.0%	34.4%	25.0%	12.5%	3.1%	9.4%	15.6%	30.8%
関東地方	172	109	34	10	5	4	10	
	100.0%	63.4%	19.8%	5.8%	2.9%	2.3%	5.8%	12.9%
中部地方	248	128	36	31	15	15	23	
	100.0%	51.6%	14.5%	12.5%	6.0%	6.0%	9.3%	22.1%
近畿地方	121	59	22	11	14	1	14	
	100.0%	48.8%	18.2%	9.1%	11.6%	0.8%	11.6%	22.5%
四国地方	48	27	10	3	2	–	6	
	100.0%	56.3%	20.8%	6.3%	4.2%	-	12.5%	18.6%
中国地方	50	29	12	4	1	3	1	
	100.0%	58.0%	24.0%	8.0%	2.0%	6.0%	2.0%	13.1%
九州地方	74	38	12	8	7	1	8	
	100.0%	51.4%	16.2%	10.8%	9.5%	1.4%	10.8%	20.9%

※北海道はサンプル数が少ないため、参考値とする

表 4-2-4　手刻み比率（エリア別）

(ii) 雇用形態から見た大工の実態

エリア別	全体	大工人数 0人	1～2人	3～4人	5～6人	10人未満	10人以上	平均人数	平均年齢
全体	847 100.0%	47 5.5%	146 17.2%	194 22.9%	158 18.7%	126 14.9%	176 20.8%	7.0名	41.8歳
北海道	10 100.0%	– -	1 10.0%	2 20.0%	4 40.0%	2 20.0%	1 10.0%	6.1名	38.4歳
東北地方	92 100.0%	3 3.3%	10 10.9%	21 22.8%	19 20.7%	18 19.6%	21 22.8%	7.5名	42.7歳
北陸地方	32 100.0%	4 12.5%	2 6.3%	8 25.0%	7 21.9%	5 15.6%	6 18.8%	7.0名	38.0歳
関東地方	172 100.0%	10 5.8%	30 17.4%	36 20.9%	37 21.5%	28 16.3%	31 18.0%	6.1名	44.2歳
中部地方	248 100.0%	16 6.5%	52 21.0%	59 23.8%	41 16.5%	38 15.3%	42 16.9%	6.5名	39.7歳
近畿地方	121 100.0%	8 6.6%	28 23.1%	25 20.7%	27 22.3%	9 7.4%	24 19.8%	7.3名	38.9歳
四国地方	48 100.0%	2 4.2%	8 16.7%	11 22.9%	3 6.3%	8 16.7%	16 33.3%	7.5名	42.5歳
中国地方	50 100.0%	– -	7 14.0%	11 22.0%	7 14.0%	12 24.0%	13 26.0%	7.3名	44.9歳
九州地方	74 100.0%	4 5.4%	8 10.8%	21 28.4%	13 17.6%	6 8.1%	22 29.7%	9.4名	46.3歳

表 4-2-5　大工人数（全体）

エリア別	全体	0人	1～2人	3～4人	5～6人	10人未満	10人以上	平均人数
全体	847 100.0%	440 51.9%	175 20.7%	109 12.9%	55 6.5%	31 3.7%	37 4.4%	2.0名
北海道	10 100.0%	1 10.0%	2 20.0%	3 30.0%	2 20.0%	2 20.0%	– -	4.1名
東北地方	92 100.0%	31 33.7%	18 19.6%	18 19.6%	10 10.9%	10 10.9%	5 5.4%	3.3名
北陸地方	32 100.0%	23 71.9%	3 9.4%	4 12.5%	1 3.1%	– -	1 3.1%	1.2名
関東地方	172 100.0%	101 58.7%	31 18.0%	18 10.5%	12 7.0%	5 2.9%	5 2.9%	1.7名
中部地方	248 100.0%	115 46.4%	58 23.4%	34 13.7%	16 6.5%	11 4.4%	14 5.6%	2.3名
近畿地方	121 100.0%	67 55.4%	30 24.8%	12 9.9%	8 6.6%	2 1.7%	2 1.7%	1.5名
四国地方	48 100.0%	26 54.2%	8 16.7%	7 14.6%	2 4.2%	– -	5 10.4%	2.3名
中国地方	50 100.0%	30 60.0%	11 22.0%	5 10.0%	2 4.0%	– -	2 4.0%	1.4名
九州地方	74 100.0%	46 62.2%	14 18.9%	8 10.8%	2 2.7%	1 1.4%	3 4.1%	1.5名

表 4-2-6　大工人数（社員大工）

表4―2―5、4―2―6より、全体の傾向として大工は外注比率が多くなっており、「社員大工〇人」との回答が五一・九パーセントと半数を超えている。また、全体で見た場合、大工の平均人数は七・〇人であるが、六人以下との回答が六四・三パーセントとなっており、専属外注の形態を取っていることがわかる。また、経営規模の大きな事業者ほど業務の効率化の点から外注化が進んでおり、売上高三億以上の事業者では社員大工〇人の事業者が平均を超えている。これは棟数をこなすことにより大工の収入を確保することで成立しているモデルであり、経営規模の

小さな工務店では踏み込みにくい状況にあると考えられる。また、大工人数は売上高が大きい事業者ほど安定して雇用できる環境があり、社員大工を多く抱える事業者も見受けられる。一方、経営規模の小さな工務店では経営規模に合わせて社員大工を抱えている事業者が多い。経営規模が五〇〇〇万未満の事業者では「社員大工一~五人」との回答が五三・五パーセントと半数以上が常用大工を抱えており、外注専属大工〇人が四八・三パーセントとなっている。また、五〇〇〇万~一・五億未満の事業者では五七・五パーセント、一・五億~三億未満の事業者では四八・三パーセントが「社員大工がいる」と回答しており、外注専属大工と組み合わせて家づくりを行っている状況にあることが窺える。

(iii) 次世代大工育成システムの構築に向けて

これら実態調査アンケートの結果を踏まえ、二〇一一年度に地域の木材を活用できる大工技能の育成・向上を目的として、接合部にできる限り金物を使用しないで、手刻み加工による継手・仕口を用いた軸組で構成される長期優良住宅「国産材モデル型式認定（手刻み型）工法」を取得し、管理者と大工技能者を対象に全国五か所で利用講習会を行った。

また、二〇一二年度からは次世代大工育成システムの構築に向けて、二〇代、三〇代の大工を対象にした研修会を実施している。これは規矩術の会得を目的として、職業訓練校の施設に宿泊し、座学と実技を並行して受講する短期集中型の研修会である。入門編と応用編の二部で構成され、受講終了者には修了証を発行する。以上の取組みは、国交省の補助事業に応募し、採択され実現した事業である。

（3）地方工務店の取り組み

木造住宅の設計・施工を行っている筆者の工務店では、一九七六年の創業以来一貫して、技術の継承、技能者の育成というテーマを意識した業務、活動を行っている。各職が参加する毎月の勉強会の実施、一業種一社を基本とする協力業者の選定、手刻みによる柱・梁表しの構造体とできる限り工業化された部品を使用しないで、自然材料を使用した仕上げによる住宅の設計・施工などである。ハウスメーカーの生産現場では出番がない左官や建具職、塗装工等の熟練を必要とする職種の技術の伝承に繋がることを考慮した設計仕様としている。また、大工希望者を社員として採用し、大工の親方のもとで修業させ、その経費を会社と大工の親方とで負担し、大工を育成することも行ってきた。微力ながら、個々の工務店としてはできる限りの取組みである。

（4）伝統的木造住宅現場での人材育成の現状

建築基準法が施工されるまでは、木造建築の施工要領は大工に一任されていた。後継の人材育成も徒弟制度という経験の積重ねを担保にした仕組みの中でつくられていた。現在では、以前のような徒弟制での人材育成はほとんど行われなくなった。多くは工業高校の建築科での学習、専門学校での学習、職業訓練校での学習などを経て大工親方や工務店での修業で経験を積み重ねることで会得されている。しかし最近では、これらの学習する場への人材の確保が難しくなった。全国の訓練校も閉鎖されるところも現れている。一方このような現状への危機感から、地方では独自の人材育成をめざす動きも生み出されつつある。文化財の伝統技術の伝承をめざす分野では、公益財団法人文化財建造物保存技術協会が行う文化財建造物木工技能者研修が三〇年ほど前から行われており、認定者は三〇〇人を超えている。NPO日本伝統建築技術保存会は文化庁の選定保存技術保存団体の認定を受け、中堅の大工技能者の研修を毎年二〇名行ってきて二〇〇名を超える認定者を輩出している。いずれにしても、人材育成の最終部分は、一大工、一工務店のはたらきに負うところは変わっていない。

(5) 伝統的木造建築の大工に要求される職能

木造建築をつくっていく上で、大工の仕事は重要な位置を占めている。木を扱っての「もの」づくりは、自然が生み出す木材を相手に、その特性を生かし上手く組み合わせる手法を身につけることが求められる。このためには、扱う素材としての木のことを十分に理解することが重要である。木材はその生育した環境や、乾燥していく過程で収縮、ねじれ、割れと、様々な変化を生じさせる。昔の家づくりの過程では、時間をかけてその変化を調整していく方法が取られていた。現在では、機械化が進むことで、この時間が大幅に縮小される方向にある。また木材は、組み立てられた後もその置かれた環境と反応して、様々な変化を生じさせる。大工は、これを予測し、コントロールしていく手法を身につける必要がある。木づくりとは、あらかじめこの経緯の変化を読み、それを打ち消していくように木を組み合わせていくことだ。大工は、木の種類、木の元末の配置、木の変形する方向性（背と腹）などを読み、木自身が持つ癖と、建物への荷重の分布などから、最終的に木組みの構成を決定していくことになる。大工の資格としては建築大工技能士があるが、現在一級建築士が二九万人もいるのに対し、一級建築大工技能士は一〇万人ほどと見られ、建築士の資格ほど、実践において正当な評価はされていない。

（6）伝統的木造住宅の施工基準をどうするか

数年後には伝統的な架構での構造上の評価基準が作成される予定であるが、その際に数量化される木造の技術と大工棟梁技術との関係性が、木造建築の施工の質を決めることとなる。大工棟梁の持つ技術基準にはどのようなものがあるのか。次に挙げてみる。

①適切に木の特性を読み取り適切に納める
②接合部に関する詳細な情報と、適切な運用の知識
③軸組の架構を組み立てる適切な知識と知恵
④施工精度に関する知識と知恵
⑤建物を構成する全ての職種に対する理解と指導

⑥仕事を美しく納める感性の修得

上記のような点が考えられるが、これまで直接技術の施工を担う人々は一匹狼的な行動を取りがちで、技術を共有することができにくかった。施工能力はすべて個人の力量にのみ担保されてきた。伝統的架構を構成させる技術的な要素とその施工における大工棟梁技術の関係性を明確にし、その技術指針を皆で共有していく仕組みを確立させていかなければ、伝統的構法の社会的な評価を得ることはできない。

ヨーロッパの事例では、フランスのコンパニオン組織は、各種棟梁が秘密主義にはしり、ほかの棟梁技術者を排斥したため、工業化社会の中での信用を保持できなくなり六〇年前にほぼ壊滅的な状態になった。再生したのは職人技術百科事典の編纂を通して技術蓄積の共有が可能になったためといわれている。日本においても、伝統的なものづくりの情報は個人レベルに担保されており、皆で共有できる仕組みは存在してこなかった。現在の伝統的構法が検証されている機会に、ここで作成される設計法を、どのように伝統的建築を踏襲していく人々と共有できるシステムとして構築できるかが一番重要な視点となる。

(7) 人材育成の仕組みつくり

人材育成の最終部分は、一大工、一工務店に負わざるを得ないが、伝統的構法の社会的な評価を確実に得ていくには、技術を担う人々の技術を明確にして、更なる改良を行い続ける仕組みが形成される必要がある。我が国の建設組合組織は、社会保障システムとして多くは形成されていて、自らの技術を研摩する組織とはなっていなかったが、前述した、「国産材モデル型式認定（手刻み型）工法」のように技術指針の講習を開始したり、技能研修の試みを開始している。

現在「伝統的構法の設計法作成及び性能検証実験委員会」では、既存の伝統技術の特性を明確にする検証が行われつつある。伝統的構法木造建築物の特性を活かした設計法を新たに構築するというたいへん膨大な作業を行っている。近代工学の技術で解明される技術と、異なる体系の中で成立してきた伝統的な大工棟梁の技術が、交差することで新たな技術体系の確立をめざしている。このような評価基準が確立されると、日本の木造建築の可能性が広がり、私たちは多様な技術体系を持つことになる。このことに対応できる施工者の中心となる大工技能者の育成が重要で、それが成立する社会システムを構築することが必要である。日本の大工技術は全国で共通な基本的な言語を持ちながらも、各地域での独自性も確保されてきた技術である。このことは扱う木の素材の違いや気候風土が生み出してきたものと考えられる。このことを踏まえると、各地域に人材育成システムを構築する必要が出てくる。すなわち共有すべき共通言語としての新たな技術体系を武器として、地域独自の大工棟梁の技術体系を加味した仕組みつくりである。いくつかの地域で、職人育成研修の動きが始められつつある。

建築設備技術者と資格制度について

地球環境問題をはじめとして多くの新しい課題に向けて、建築分野において様々な対応が必要になっているが、その対応の一つとして、新たな社会へ向けた人材育成、専門家教育がある。この対応の中で重要な建築設備技術者の問題を取り上げる。

現代の建築物は、高度な知識と技術を持つ建築設備設計者の関与によって成り立っている。しかしながら現在の建築士資格制度は、建築設備設計者を養成するという視点から見ると問題が多い。地球環境問題や省エネルギー化などに専門技術を駆使して取り組むことができ、建築設備技術の高度化にも対応できる建築設備設計者を多数養成できるような制度にしていく必要がある。

以下、現行の資格制度、その問題点、今後のあり方について述べる。

(1) 国家資格「建築士」と、民間資格としての「設備士」の誕生

一九五〇年の建築基準法、建築士法の制定により、一定規模以上の建築物の設計・工事監理は建築士でなければできないこととなった。また、一九五九年の建築基準法の改正により、建築物に建築設備が含まれることが明記され、建築士法上は建築設備も含めて建築物の設計・工事監理は建築士の独占業務となった。このような状況に対して、建築設備にかかわる設計の専門資格をめざして、一九五二年に社団法人衛生工業協会は「設備士制度設置構想案」を作成し、建設省・衆参両議院と

折衝したが法制化に至らず、協会独自の「設備士制度」を発足させ、空調・衛生専門技術者である「設備士」の育成・活用の推進と法制化の推進を目的として「日本建築設備士協会」を設立し活動した。

(2) 国家資格「建築設備士」の誕生

経済の急激な成長と技術の開発、建築生産方式の変化、建築技術の専門分化が進んだ結果、建築士法が時代の要請に適応しがたい事項が顕著となり、建築士法のあり方に関する検討がなされ、一九六九年建設省の呼びかけにより発足した「建築業務基準委員会」の活動により、「建築設備に関する技術の高度化・専門分化の傾向が著しく、その設計などの多くが建築士の資格を持たない建築設備技術者によって行われており、建築士法が社会の現状に合わなくなっていること」が明らかにされた。その委員会は一九七四年から一九八二年にわたり、建設大臣に建築設備技術者の法的資格の早期実現について法制度改正を要望した結果、一九八三年一月の建築審議会答申に「建築設計・工事監理業務のうち建築設備に係るものに携わるものの資格を創設することとする」と明記された。

建設省は、この答申を受けて建築士法の改正を行い、国家資格の「建築設備士」が誕生したが、業務権限のある建築設備設計資格ではなく、「建築士は大規模の建築物その他の建築物の建築設備に係る設計又は工事監理を行う場合において、建築設備に関する知識および技能につき建設大臣が定める資格を有するもの（建築設備士）の意見を聴いたときは、設計図書又は工事監理報告書において、その旨を明らかにしなければならない」とされた。すなわち、「建築設備士」は業務権限のないアドバイザーの位置づけに留まった。その後は、一九八九年に「建築設備士」の登録団体となる「社団法人建築設備技術者協会」が発足し、「日本建築設備士協会」の業務の大半を引き継ぎ、「建築設備士」三万五五〇〇人の登録者団体として、業務権限の獲得に向けた継続的活動などを行うことになった。

(3) 国家資格「設備設計一級建築士」の制定

建築関連五団体をはじめ建築関連団体は、建築士法の改正に向け協議を重ねてきたが、二〇〇五年一〇月に発覚した耐震強度偽装事件を契機として、国土交通省は建築基準法および建築士法の一部改正を行った。このときに、設備六団体協議会は、建築設備士が建築設備の設計・工事監理業務を行えるよう要望したが、建築設備士制度は改正せず、一級建築士で高度な設備設計の専門能力を有するものに「設備設計一級建築士」の資格を与え、三階建以上で五〇〇〇平方メートル超の建築物の設備設計に関して法適合確認を義務づけるものとし、一級建築士の独占業務範囲内での改正に留まった。

(4) 設備設計資格制度の問題点

戦後、社会の要請にしたがって建築設計に携わる人材が増加し続けた結果、一級建築士登録者は三四万人を超えているが、近年の建設投資に見合う一級建築士必要数は六万人といわれている。それに見合う構造設計者数は一万二〇〇〇人、空調・衛生設備設計者数は一万二〇〇〇人、電気設備設計者数は九〇〇〇人と想定される。

建築、構造設計にかかわる資格者の数は、一級建築士三四万人、構造設計一級建築士八五〇〇人とおおむね確保されており、実資格者数と必要数に乖離はない。しかし、設備設計にかかわる必要専門家数（空調・衛生・電気）二万一〇〇〇人に対し、設備設計一級建築士は四〇〇〇人程度しか確保されておらず、将来ともこの状況は大きくは変わらないと想定される。また、現在の設備設計一級建築士四〇〇〇人の六割が建築設備士資格を持つ空調・衛生技術者、四割が建築設備士資格を持たない一級建築士、わずか数十人が建築設備士資格を持つ電気設備技術者で構成されており、建築設備の法適合確認業務のみを行うことができる最小限の人数が確保されているに過ぎない。実際の建築設備設計・工事監理業務は、三万五五〇〇人の建築設備士（一級建築士資格を持つ五〇〇〇人の空調・衛生設備技術者、一級建築士資格を持たない二万一五〇〇人の空調・衛生設備技術者と九〇〇〇人の電気設備技術者で構成）が支えており、改正建築士法と建築設備設計業務実態との乖離が続いている。更なる建築士法改正の必要性が指摘されるゆえんである。

このように建築設備にかかわる資格制度は根本的な問題を抱えており、実態にそぐわない業務権限を保持している一級建築士に代わり、業務権限はないが設計・監理を実質的に行い、業務責任を負っている建築設備士により建築設備にかかわる業務が行われている。今後の建築設備技術の高度化、特に地球環境問題への対応や省エネルギー化への対応などを考えるとき、このような実態を早急に改善することが必要であろう。

(5) 建築設計資格制度および専門資格者職能団体のあり方について

国土交通省告示第十五号の設計業務報酬の算定方法では、設計業務内容と業務時間が、総合（意匠・構造・設備に関する設計を取りまとめる統括設計業務と意匠設計業務）、構造、設備と区分されており、建築物の設計業務内容は、専門分野ごとに明確に分かれている。また、海外各国では、統括設計・意匠設計を担当するアーキテクト、構造設計担当のストラクチャルエンジニア、空調・衛生担当のメカニカルエンジニア、電気担当のエレクトリカルエンジニアにより業務が行われており、この専門分化された資格制度の下で、ＡＰＥＣアーキテクト、ＡＰＥＣエンジニアの相互認証が行われている。このような、海外の資格制度との整合も考慮した建築士法に改正していく必要がある。

二〇一〇年一〇月に提言された国土交通省住宅局委員会の「建築基準法の見直しに関する検討会とりまとめ」における設備設計に関する意見として、「設備設計に関し業務実態と資格制度とが乖離しているとの見解に基づき、設備設計一級建築士制度において、建築設備士を活用すべき、建築設備士に設計・工事監理に係る一定の業務権限を付与すべき」と記述されている。

この「建築設備士への業務権限の付与」と「設計資格制度の国際化」の二項目が今後の建築設計資格制度改正と専門資格職能団体のあるべき姿の構築に向けての必要絶対条件となるが、これを含めて資格制度と社会システムの再構築への基本的事項を整理すると次の六項目となる。

①設計・工事監理業務の専門分化（統括・意匠設計、構造設計、設備設計）に対応し、建築物のライフサイクルに係る専門家業務を支える資格制度・社会システムの構築

②建築主、設計専門家相互、消費者が、専門分野別設計者（統括・意匠設計者、構造設計者、空調・衛生設備設計者、電気設備設計者）を選定し、設計チームを独自に組織できる社会システムの構築

③国家資格と民間資格のあり方を整理し、現在運用されている各職能団体の技術者継続職能開発制度、専門分野認定制度の活用を図る社会システムの構築

④国家間の専門家の相互認証に繋がる資格制度・社会システムの構築

⑤芸術・科学・工学の多くの分野からの優秀な人材が、建築業界で夢を実現できる資格制度・社会システムの構築

⑥建築専門家が所属する各種の現職能団体の良さを生かし、専門分野別資格者の育成と、高度な知識と技術レベルの取得、倫理観の向上を図り、社会の要求に応え、社会貢献できる専門家を擁する専門資格者職能団体の構築

参考文献

牧村　功「資格制度緊急報告その1～4」建築設備士（JABMEE 機関紙）（その1）建築設備技術者資格に係る六十年の歴史と現況 2006・10（その2）建築士法改正と施行に向けての活動状況― 2006.9 ～ 2007.7 の動きと今後― 2007・8（その3）建築士法改正と施行に向けての政省令検討状況― 2007.1 ～ 2007.12 の動きと今後― 2008・2（その4）建築設備士への設計資格付与について―改正基準法の施行から見直し検討会まで 2008.1 ～ 2010.9 ― 2010・11

4-3 社会システムの再構築

よりよい建築の蓄積が地域価値を向上させる社会システム

本書各章のベースとなっている認識として、「我が国の建築物（建築物を取り巻く環境も含む）の質は比較的高いレベルにあるが、建築物が集合してできる街並み、すなわち『地域環境』の質に関しては、まだまだ国民の関心が低く、レベルの高いものが少ない」という点がある。本格的なストック活用型社会において地域環境の質を向上させるためには、個々の建築物の質の向上が同時に地域環境全体の質の向上に結びついていく方向へと国民の関心を向けさせる社会システムが必要である。この機にあらためて見わたしてみると、社会の側にも「コミュニティ」をキーワードとした新しい動き、産業、人の動きが出つつあることがわかる。そこにおいては人と社会の関係から工学的な最適化を導き出すという、建築を修めた人の思考パターンを活かす場はますます広がりつつある。近代に共通する社会目標であった「公衆衛生の実現」「社会正義の確立」「生活環境の改善」は、それぞれに建築と地域環境のあり方が関係する。それらの実現に向けて、建築基本法などにより、建築物のストックを活かして新しい社会像の共通理念を提示する機が熟し始めたのではないか。

地域環境の質の内容については地域ごとに異なるが、国民がこの質を高めたいと思うためには、自分自身の努力によって地域の価値を上げることができるというインセンティヴのシステムが必要である。具体的には質の高い建築物の集合が質の高い地域環境を形成できている地域、つまり質の高い「まちづくり」ができているところは、自己の所有財産の価値評価として地価が上がる仕組みがあるとよいということである。一般に地価が上がるのは地域の質が評価され人気が上がり需要が高くなる結果と考えられるが、もっと積極的にまちづくりの努力を地価の評価に取り入れるシステムが必要ではないかと考える。

地域の評価を考える際に、商業・業務系地域の場合はそこに建てられる単体の建物がどれだけの収益を上げるかという収益還元法による地価評価の考え方が優勢であるため、因果関係は明快である。逆に取引事例比較法による地価評価が一般的な住宅地域においては、地域環境と財産価値の関係は必ずしも直結してはいないように見える。このような地域で地価上昇を地域環境向上のインセンティヴとして働かせるには何が必要かを考えてみる。

(1)まちづくりの努力と不動産鑑定評価システム

国土交通省の不動産鑑定評価基準によると不動産の価格を形成する要因のうち、住宅地域の地域要因としてまちづくりに関連するものとして、「各画地の面積、配置及び利用の状態」「住宅、生垣、街路修景等の街並みの状態」「眺望、景観等の自然的環境の良否」「土地利用に関する計画及び規制の状態」が挙げられている。又、土地に関する個別的要因として、「隣接不動産等周囲の状態」、「公法上及び私法上の規制、制約等」、建物に関する個別的要因として「耐震性、耐火性等建物の性能」「維持管理の状態」「建物とその環境との適合の状態」「公法上及び私法上の規制、制約等」が挙げられている。

良好な住宅地の例として有名な田園調布のまちづくりを参考に、これらの価格形成要因について考えてみたい。田園調布地域では、大正一一年の分譲当初より建築条件として建蔽率やセットバックの概念が示されていた。その後、住民協議会から発展した社団法人田園調布会が田園調布憲章を制定し、憲章に基いた「環境保全及び景観維持に係わる規定」により建築計画、土地分割、建築物の用途、外構・植栽計画、環境保全などに関する詳細なまちづくりのルールが定められている。更にこの紳士協定ルールに基づいた地区計画が定められ、建築物の新増改築などまちの環境景観にかかわる行為を行う際には、田園調布会との事前協議の後に地区計画の届出（法的手続き）を行うこととなっている。

上記のまちづくりのルールやルールを維持する田園調布会というコミュニティの活動は、不動産鑑定評価基準の「土地利用に関する計画及び規制の状態」「公法上及び私法上の規制、制約等」「維持管理の状態」「建物とその環境との適合の状態」などに該当するものと考えられるが、相当に「建築不自由」な規制が存在することになる。一方、現状の不動産鑑定の実務においては、地域に厳しい規制があり「建築不自由」であることは、評価上マイナスになることが多い。このことは、田園調布の高い地価評価の背後にあるまちづくりルールやルールを維持するコミュニティ活動という「建築不自由の原則」の存在と矛盾している。我が国の不動産鑑定評価システムの未成熟な側面である。まちづくりへの努力を積極的に評価する鑑定評価システムへの改善が必要と考える。また、よりよいまちづくりへの努力が評価されるシステムに加え、この努力に対して、地価に比例して上がる固定資産税・都市計画税などの減免などの措置があれば更によりよいまちづくりが推進されると考えられる。

(2) よりよいまちづくりを推進する社会システムと専門家の新たな役割

このようなよりよいまちづくりへの努力が評価される社会システムが市民によりうまく活用されていくためには、次の点に留意する必要がある。

それは、一般の市民にはまちづくりへの努力の結果、すなわち将来のまちの姿が活動当初の段階では想像しにくいということである。田園調布のようにまちが新しく開発される段階で専門家がマスタープランを描き全体像が明確になっていたケースと異なり、これからのほとんどのまちづくりは、すでにあるまちを時間軸の中でどのようによくしていくかということだからである。一般の市民には今あるまちがどのような努力をすればどのようによくなるのかがわからないのである。

そこで、建築・まちづくりの専門家が果たすべき役割が出てくる。専門家は、よりよいまちをつくりたいと考えている住民の中に入り、個々の画地の計画にとっては一見「建築不自由」に見えるまちづくりへの努力が、集合体としてどのような質の高いまちをつくり得るかということを時間軸も含めて明確に示すことで、住民の将来のまちのイメージの把握を助け、よりよいまちづくりへの努力をしようというモチベーションを高めることができる。また、歴史的建築物など地域に存在する隠れた資産を発見し評価を与え、自分たちの地域のアイデンティティを再認識してもらうことで、地域環境の向上を促すきっかけを与えることも、建築専門家の役割として期待できる。

専門家が地域住民の中に入っていく際には、建築の専門家だけではなく不動産・税制・あるいはコミュニティデザインのように地域の価値向上にかかわるソフト面の専門家と一体のチームとして参画することが望ましい。建築を通じた地域環境づくりは、多様な生活様態を持ち、人生のステージにおけるあらゆる局面に適切に対応することが求められるからである。これらは単なる一業種の新規の役割という枠組みを越えた、新しい社会システム構築への挑戦なのである。

(3) 地域価値の向上をめざす人々に、創造の自由をもたらす制度を

現在の我が国の都市・建築関連法制度は、全国一律に定められた原則の中にある限られた選択肢から自分たちの未来像を選ぶところまでしか選択肢が存在しない。地域社会の包括的な将来像を描いたとしても、我が国特有の極めて強固な所有権保護思想を背景に、個人の権利（あるいは欲望）を妨害させないシステムが根付いている。自分たちの地域の未来像を、住民自らが選択し、合意形成する制度が必要である。

地域全体の価値向上をもたらすために一部の私権を制限することを可能にする、新しい社会システムを導入することはできないであろうか。かつて、土地の価値を最大化するためには公的規制を

可能な限り少なくすることが基本原則である時代があった。これからは時代が変わり、田園調布の事例を持ち出すまでもなく適切な規制の存在が一つ一つの土地の価値を保証することになると考えるべきである。既往の法制度にある「建築協定」や「都市計画提案制度」を更に身近なものとして、住民自らの日常的な要望を反映した上での合意形成を可能にする、等身大の計画技術が求められている。地域環境づくりはソフト面まで含む総合的な空間のアメニティ（適切な場所に適切なものがあること）づくりである。このような新しいシステムは、建築・都市を扱うセクターだけの論理から導き出されるものではない。教育や社会保障、福祉や地域活性化など地域空間経営のソフト面のシステムと一体となった、地域独自の意思決定を可能にするものであることが求められよう。であれば、建築・都市分野の既往のシステムとは大幅に異なり、多様な地域環境の存在やその長期的な変化を前提とした柔軟で裁量性の高いシステムになることが予想される。

これからの地域環境育成のためのシステムは、これまでの経済合理性に基づいた建築物の大量供給システムとは根源的な思想が異なる。単体の建築物を規制する法制度と、都市域全体の土地利用方法に制限を加えるところまでの都市計画制度との中間に、現存するストックを前提としてよりよい地域環境を創造するための制度が必要である。「まちづくり」という呼び方で取り組まれている様々な動きを体系化し、包括的に支援し、ほかの社会システムとの接合を容易にすることを考えなければならない。このような新たな動きを促すことで次世代に譲り渡す地域環境を構築する仕事を始めなければ、気づかぬうちに「ストック放置型社会」に至る道を歩むことになってしまう。逆にいえば、総合的な地域環境づくりという未開拓の広大な社会分野を切り開く新たな職能像もまた、建築に関係する人々によって創造されることが求められているのである。

新しい社会システムと職能の形

(1) 建築の新たな価値創造と職能のあり方

新しい社会システムにおけるキーワードは「安全と安心」「ストックを活かす」「地域の価値を活かす」ということにまとめられそうであるが、それを支える仕組みとそこに現れる職能の形について考える。二〇一〇年代の日本において、社会課題として挙げられるものは例えば、人口の減少、エネルギー問題、高齢化、経済格差、気候変動、地震、食糧自給、産業の衰退、次世代育成の不安、自殺、医療、介護、グローバル経済との調停などがあるだろう。対して、志向されている文化傾向としては、エコ意識、コミュニケーション、共感、情報化、心の重視、幸福感、手づくり感などがある。これらの志向に通底する概念は、これまでのような「ものがあること、ものを持つこと」による豊かさは答えたり得ず、ものを通した人とのつながり、その手応えなどが求められている、ということである。

そういったニーズに対しての建築からの回答が、たとえば「コンバージョン」「リノベーション」であったり、「シェアハウス」のような使い方であったりする。それらは「もの」と「人」が一対一で課題を解決していくというモデルではなく、むしろ多くの「人々の関係」の中で課題が解決され、そのためのリソースとして「建築」が有効であるというありようではないか。

すなわち、建築を価値あるものとするのは、その建築自体の質であると同時にそれが置かれる社会的文脈の調整行為でもあるということに、社会の要請が移行しつつあるということである。「つくる」と「つかう」をどのように貼り合わせるか。そのこと自体が新たな職能として浮上する。この観点から前出の社会的課題それぞれに対してどのような職能が考えられるのかを見てみる。

①「安心・安全」：現在の建築基準法が新築の建造時の性能・安全性を「のみ」保障する構造であるために、利用開始後の（本来保障されるべき）建築を稼働させている中での安全性を確かめる分野はカバーされない。またそれが不動産取引の中で流通するケースでも、その時点の建築の性能については、何もチェックが入らない状況が通用している。これに対して例えば、「ホーム・インスペクター」「サーベイヤー」などの職能が、取引の当事者双方にとって、きちんとした状態のデータの裏付けを第三者的に示すことは、「つかう」立場にとっての安心を基礎づける一つの職能であろう。

②「ストックを活かす」：前出のホーム・インスペクションと同時に、その評価を経済と互換にする建築のポートフォリオを作成することで、ストックを市場化することができる。例えば、リノベーションにおいていくつかの使用方法と、改修提案を組み合わせ、ベースになる

不動産のポテンシャルとすることが、具体的な設計の前に必要とされる。これをコーディネートするためには、建築の技術だけではなく、不動産の情報も組み合わせていくことが必要である。場合によっては、出資者のコーディネートにまで踏み込むことが必要で、このような「リノベーション・ファシリテーター」が要請されている。

③「地域の価値を活かす」：「建築」対「地域」という静的かつ二項的な捉え方を超えて、そこで行われる人々のアクティビティこそが「地域の価値」であり、それに対して働きかけることで価値を上げる職能が、「コミュニティ・デザイナー」であろう。これは、現代社会に志向される「幸福感」「人とのつながり」「共感」などの価値観に直接働きかけてつくり出す、すぐれて現在的な仕事の領分である。

しかしながら、こういった仕事に対する制度的なプラットフォームは今のところ公的には存在しない。社会システムの総体がこれまでのところ「生産→消費」の一方通行モデルの中に限定されているからだと考えられる。

(2) 新しい社会システムの輪郭

次に社会の中の価値観の変化から、新しい社会システムにおける建築職能の輪郭を考えてみる。

例えば、二〇一一年三月の東日本大震災における、支援活動の中でも「シェア」という考え方が大きな役割を果たした。アイディアのシェア、リソースのシェア、役割のシェアなど多くの場面で、これまでの「個人主義」の殻を破ることで新しい活動が生まれてきた。これは、振り返ってみれば震災以前にすでに「シェアハウス」「コ・ワーキング」などのキーワードによって確認されつつあった社会の動向の顕在化である。単線的な「作り手」→「使い手」という図式では収まらない、もっと複雑な構成者同士の関係の中に成立することになるし、その間を結ぶものが経済関係でないケースも見られる。

「シェア」の文化の中で特に重視されているのは、「参加」であり「コミットメント」の実感である。ここではコミュニティの構成員は単純な「消費者」ではなく「参加者」であり、自己完結した「私」よりも、「かかわり」の多様さ、質の中に価値を見出すものである。新たなストック活用社会モデルにおける構成者である、①利用者・居住者、②所有者、③購入者・投資家、④建築・住宅業界、⑤不動産業界、⑥社会全般、について考えてみても、それぞれのアクターは自己利益の極大化に向けてのみ行動する単純な経済モデルで考えることはもはや通用しない時代である。それぞれが持っているもの、求められるもの、やりたいことについて、それぞれの位置でそれらの組合わせをデザインすることから、これからの価値創造の一つのあり方を紡ぎ出すことができる。すなわちこれらの構成者の中で、誰かの価値をア・プリオリに優位に置くのではなく、多様なアクターそれぞれが価値とするものをネットワークとしてつないでいくことが、これからの社会における価値創造のモデルになっていくのではないかと考えられるのである。

建築と地域社会づくりの場において、かかわる構成者同士が対等な「参加者」であるようなプラットフォームの存在が価値創造のプロセスとして求められてくる。地域環境創造のための社会システムに求められるものは、まさにそのようなプラットフォームを実現するための社会システムである。各職能団体で論じられている、「コミュニティアーキテクト」や「ピアレビューアー」なども、こうした水平的な関係の中でこそ本来の機能を発揮し得るだろう。また、これまで一方的な供給圧力の主体として見られてきた不動産開発者の中にも、すでにこのような関係性の中でデベロッパーとしての新たな存在意義を見出している人々も存在することは、今後の地域環境形成の場においては希望の持てる状況である。建築と不動産の一体化・シームレスな関係が、現実のものとなりうる可能性があるといってよい。

少子化と高齢化、成熟社会へと向かうこれからの時代において、市場との対話の中から共有したあるべき社会システム像は、これまで暗黙の前提とされてきた、需要過大とそれに対する無秩序な供給を規制するためのシステムを更にチューニングすることではなく、需要過小が必然となる社会において、健全な需要をそれにふさわしい空間に誘導する社会システムの模索である。それによって建築学と不動産実務の間のミッシングリンクがつながる。そのために今後のストック活用社会においては、都市のあり方と建築物の果たす役割について社会的に合意された理念を共有することが必要である。そしてその理念を実現するために、社会の構成者それぞれに「権利」「役割」「責務」そして「発言の場」が与えられることが求められる。その場を健全に運営していく仕組みが、この社会をサステナブルなものにしていくシステムとなるであろう。建築とまちづくりのための基本法を制定する意義もまたそこにあるのではないか。

建築をめぐる社会システム、建築とそれにかかわる法制度については、体系的に研究対象としている研究者もごくわずかである。社会全体で我々の生活環境の理念を共有する手段も具体化させていかなければ、次の時代が見えてこない。逆にいえば、ここにも未開拓の社会領域が広がっているのである。本会としてはこの分野を新しい学問領域として開拓する時期なのではないだろうか。

参考文献

大手町・丸の内・有楽町地区街づくり懇談会　まちづくりガイドライン、二〇〇八
http://www.aurora.dti.ne.jp/~ppp/guideline/index.html
銀座街づくり会議　銀座デザイン協議会『銀座デザインルール』第二版、二〇一一
国土交通省　不動産鑑定評価基準（二〇〇九年八月二一日）
http://tochi.mlit.go.jp/kantei/additional1.pdf
（社）田園調布会　環境保全及び景観維持に係わる規定（二〇一〇年九月二一日）
http://www.den-en-choufu.or.jp/sidousaisoku.html
建築基本法制定準備会　建築基本法（案）、二〇一二
蓑原敬『都市計画　根底から見直し新たな挑戦へ』、学芸出版社、二〇一一

あとがき

二〇一一年三月一一日に発生した東日本大震災と福島第一原子力発電所の事故は、日本社会の進むべき方向性を根本から見直す必要性を示唆している。過度な東京一極集中の危険性、エネルギーを含む生活インフラの脆弱性、高度化した巨大技術の盲点など、これまで指摘されながらも、社会が真剣に向き合ってこなかった課題への対応が避けられないものになった。都市計画や建築分野は、経済成長の牽引役として、また受益者として、近代化プロセスに深くかかわってきたが、人口減少が始まった高齢化社会において、進むべき道はこれまでとは異なる。私たちは今、この一五〇年間の近代化を振り返り、今後、一〇〇年、二〇〇年後の都市、建築のあり方を考えなければならない。大局的には日本の近代化は成功したと判断されるが、その過程で失敗もあった。その構造的原因を謙虚に学ぶことが、将来を考えるための前提となる。

成長の過程で見失い、取り戻すべきものとして、「公共性」が訴えられている。日本では財産権を重んじるばかり、都市や建築が備えるべき社会性、公共性を失っているのではないか。一つ一つの建物は素晴らしくても、それが集合した「まち」は美しくないとの指摘がある。それを解決するには、土地所有者、設計者などの努力だけでは限界があり、社会システム全体として改善を図る必要がある。筆者は、この問題の主な原因は、四〇年前に導入された容積率制度にあると考える。資本主義経済の下、容積率は都市開発を経済活動の道具にしてしまった。都市全体のバランスが取れた成長を考慮することなく、必要以上に高く設定されている容積率は、都市の姿を貪欲な経済活動を表現したものにした。建築を学ぶ若い学生は、東京の今日の姿を見て、先人たちが何をめざしてこの都市をつくってきたか、わからないという。東京は世界で類を見ないほど、経済の論理がそのまま、形になった都市である。

容積率制度については、見直す必要があるのではないか。既得権益のように受け止められている容積率をダウンゾーニングすることや、最高高さ規制などほかの規制との組合わせで運用することは、容易ではない。筆者はある地方都市の郊外に計画された公務員宿舎の計画で次のような経験をしたことがある。同じ職場の建築技術者が敷地を調査し、周辺が一階建または二階建の住宅地であることから鉄筋コンクリート三階建で計画案を作成し、予算要求した。本省の予算部門は、容積率を使い切っていない計画は、国有地の利用としては不適切と判断し、相談もなく容積率一杯の建物を建てるように予算を増査定した。その結果、低層住宅地に五階建の共同住宅が設計されたが、地域住民は計画に猛反対。年度末の発注時期が近づき、予算当局は五階建を三階建にすることをやむなく了解。しかし地域住民に建物の配置図を示していたので、五階建を三階建に変更するからといって、建物の位置を変更することは不可能で、その位置のまま、上の二階層をカットして、三階建で宿舎は建設された。完成後、入居した住民はどうしてこのようなおかしな配置計画となったのか、怒ったという。この事例のように、容積率は限度いっぱい使い切って当然という考え方にとらわれている人や組織は、決して少なくない。東京駅の前では、容積率のボーナスを獲得するまでして建設された超高層ビルが、完成後、長らく空室が続いている。都市部でも、もはや容積率いっぱいに建設すれば必ず、利益が出るという時代ではなくなった。社会に広まった容積率神話を見直し、それに代わる都市空間の制御手法を再構築すべきである。

将来のまちづくりや、建築のあり方を展望した大局的議論が求められているが、既存の法律の抜本的改正は、日々の実務の継続性を考えると容易ではない。大きな方向性を見失わないで、現実的な制度改正、運用改善を図ることも重要である。小さな改善で大きな効果が得られることもある。その例として、ここでは、本書でも取り上げた建築ストックの活用について、アメリカの事例を紹介したい(注1)。アメリカでも建築関係の法制度は新築工事を想定されたものであり、既存建築の改修工事については、自治体により、また物件により、行政の対応にばらつきがあった。そのため、建築主や建築家は計画段階でどのような行政判断になるかを予想することが困難であり、既存建築を改修して建物を使い続けることを敬遠する原因になっていたという。既存建築ストック活用の契機となったのはニュージャージー州で、一九九八年の制度改正により既存建築の活用が飛躍的に増えている。それまで、「改修工事」（Alteration）という言葉は曖昧で、いろいろな工事を対象としていたが、工事内容と規模により、間取り変更をともなわない「模様替工事」（Renovation）、間取り変更を伴う「改修工事」（Alteration）、工事期間中、工事部分を使用できない本格的な工事となる「再建」（Reconstruction）の三つに区分し、その上で、既存部分に対する遡及工事などについて、要求条件が具体的に整理された。この実務上、ボトルネックとなっていた課題を改善したニュージャージー州の事例は、その後、全米に適用されるモデルコードに反映されている（モデルコードでは、「再建」（Reconstruction）は廊下や玄関の改変をともなう改修工事と定義されている）。アメリカでも最初から建築ストックが十分に活用されていたのではなく、実情に合わせて制度改正が進められている。アメリカの事例が直ちに日本に適用可能とは思えないが、経済成長を終えた日本の都市がストック活用にシフトしていくのは必然の流れであり、私たちもきめ細かく、現行制度の見直し作業を行っていくことが必要のように思う。そのような地道な作業の積重ねが、結果的には、大きな成果につながるかもしれない。

（注1）SMART CODES in Your Community, Prepared for the Department of Housing and Urban Development Office of Policy Development and Research Washington, DC 20410, Building Technology, Inc. August 2001

（注2）本稿は、「市民と専門家が協働する成熟社会に相応しい建築関連法制度の構築（南一誠他、二〇一三年二月）」掲載の拙稿を加筆、修正したものである。

「日本建築学会叢書」刊行にあたって

日本建築学会は、一八八六年、草創期の近代建築教育を受けた二六名の若者が造家学会として設立以来、一二〇年が経過しました。この歩みは、日本の都市や建築が、近代技術の受容と発展、経済の巨大化、関東大震災を初めとする大災害、戦争の惨禍等を経て、歴史上かつてない大きな変化を遂げた時代にも重なります。

今日、私たちは快適で便利な生活を享受する一方、地球環境問題、少子高齢化、大災害への不安などさまざまな課題に直面しています。技術として高度化と複雑化が進む建築や都市についても、改めて社会的な広がりの中で、理解と見直しをはかっていく必要があると考えられます。

本会は、三万六千を数える会員相互の協力により、建築に関する学術・技術・芸術の進歩発達を目的とする活動を展開してきました。しかし、本会の活動は、もとより生活環境に直接結びつくものです。創立一二〇周年を迎えこうした会員中心の活動に加え、新たな発見や発明を平易な言葉で社会に開示し関心を高め、その意志を学会活動に反映させるべく、社会とのチャンネルを構築する活動を進めています。

本叢書は、その一環として生活に最も関係の深い諸課題について、中立的で信頼の置ける成果を広く発信しようとするものです。この叢書が、これからの生活と社会に前向きに取り組んでいく一助になれば幸いです。

二〇〇六年八月　日本建築学会　刊行委員会

日本建築学会叢書9

市民と専門家が協働する
成熟社会の建築・まちづくり

2014年3月5日　第1版第1刷

編集・著作人　一般社団法人 日本建築学会
編集協力　喜多 雅文
DTP制作　エム・ケー プランニング＋石原 亮
印刷所　昭和情報プロセス株式会社
発行所　一般社団法人 日本建築学会
〒108-8414　東京都港区芝5-26-20
TEL:03-3456-2051　FAX:03-3456-2058
http://www.aij.or.jp/
発売所　丸善出版株式会社
〒101-0051　東京都千代田区神田神保町 2-17　神田神保町ビル
TEL:03-3512-3256

ISBN978-4-8189-4708-5 C0352